*だれでも起業できる

農産加工実践ガイド

尾崎正利 著

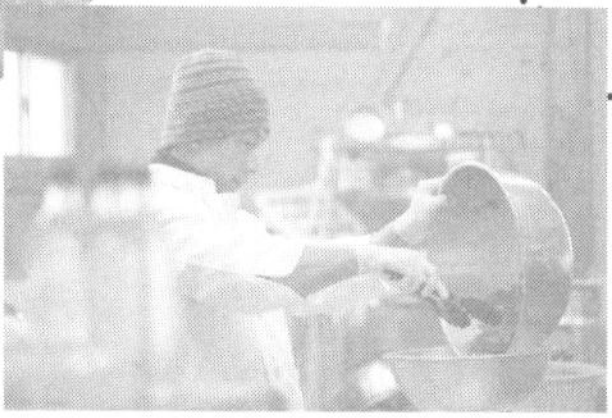

農文協

いまどきの農産加工を担う人びと

（＊の写真：戸倉江里）
記事はPart1の1参照

ニンジン専業農家から独立起業した「ヤスタケファクトリー」

「ヤスタケファクトリー」の安武さん

「ヤスタケファクトリー」のニンジンジャム

シェフ志望だった夫は農家に、栄養士だった妻は農産加工に「むぎわらファーム」

敷地につくった加工所
窓を少なく出入り口は大きなガラス戸に

自家農場産の大豆「クロダマル」でつくるポン菓子「黒ぽん」＊

定年退職後に養蜂・農耕・古民家レストラン経営に取り組む「街道カフェ　やまぼうし」

古民家を生かした「街道カフェ　やまぼうし」

加工担当は娘の和香子さん。左は筆者

集落支援員から農産加工で定住「旬果工房てらす」

宮崎県日之影町には支援員としてやってきた岡田さん＊

日之影町の地コンニャク加工品

保存性向上の三つのポイント
水分、酸素、pH

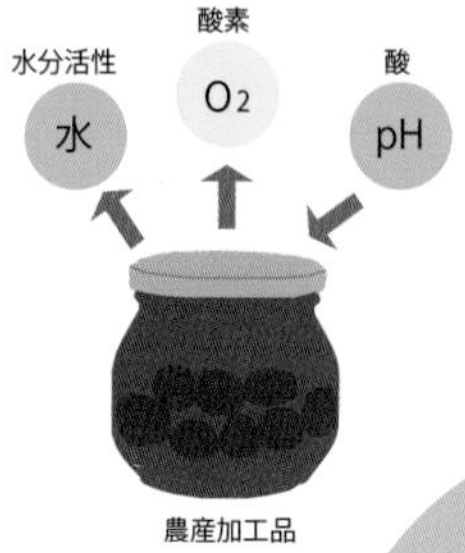

食品保存の大敵は微生物の増殖。増殖を抑えるには水分、酸素を除き、酸性を保つこと

イラスト：福丸未央

安全・安心の基礎は
水分、酸素、pH

酸素を抜く真空包装

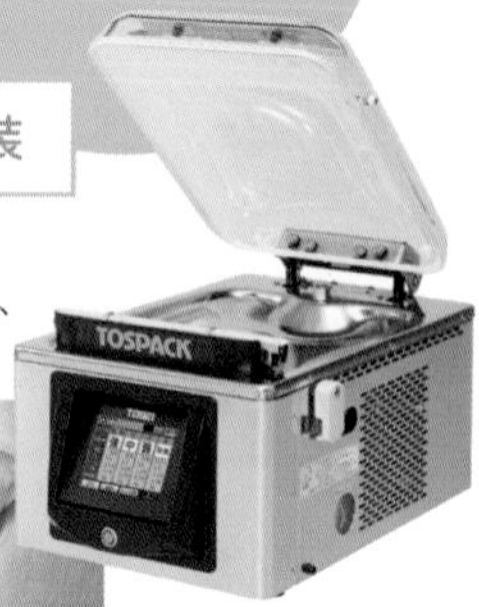

真空包装機
空気を抜いて保存性向上、一次加工品にも合う

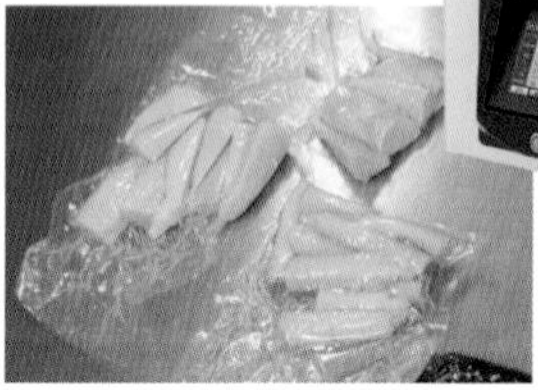

タケノコ水煮の真空包装

包装資材
ラミネートは機能に合わせてプラスチックを重ねた積層構造

包装資材のなかのラミネートの位置づけ

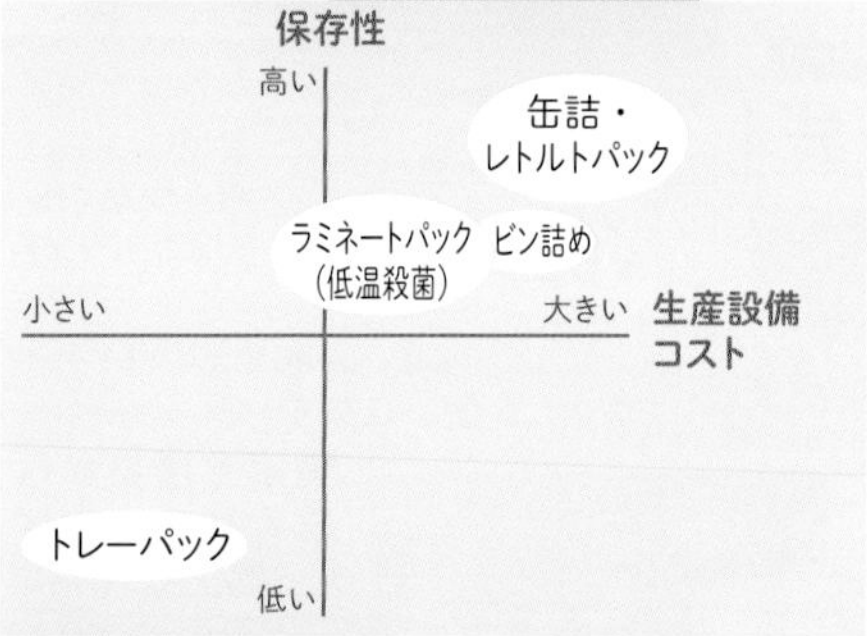

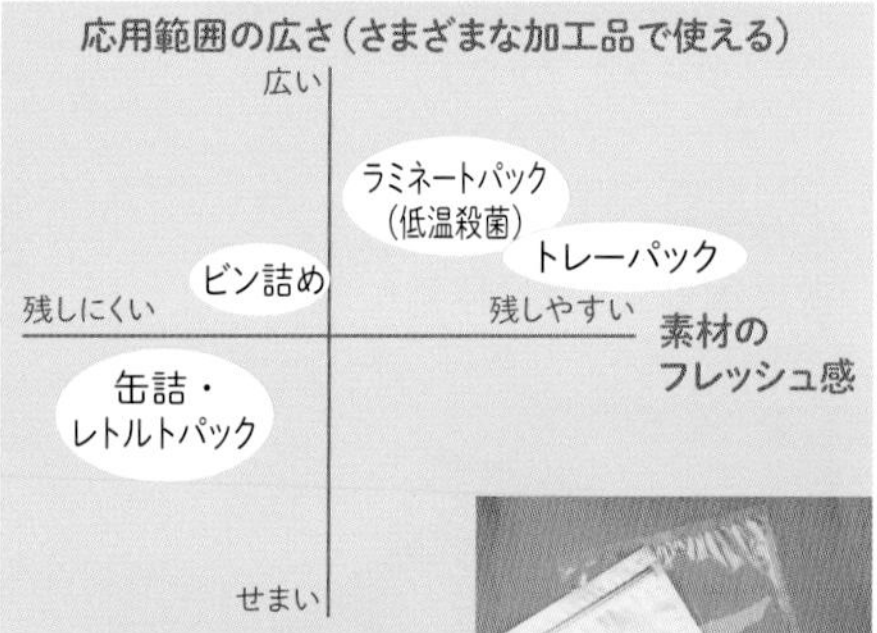

一斗缶　一次加工のペーストやピューレの保存に便利

台所でおなじみの**市販のビニール袋**。単層プラスチック1枚の二つ折を1か所で閉じる。農産加工品の包装には脆弱で不向き

ラミネートフィルムの袋
2枚を合わせて三方を閉じる

ふた付きラミネート（スタンドパウチ）

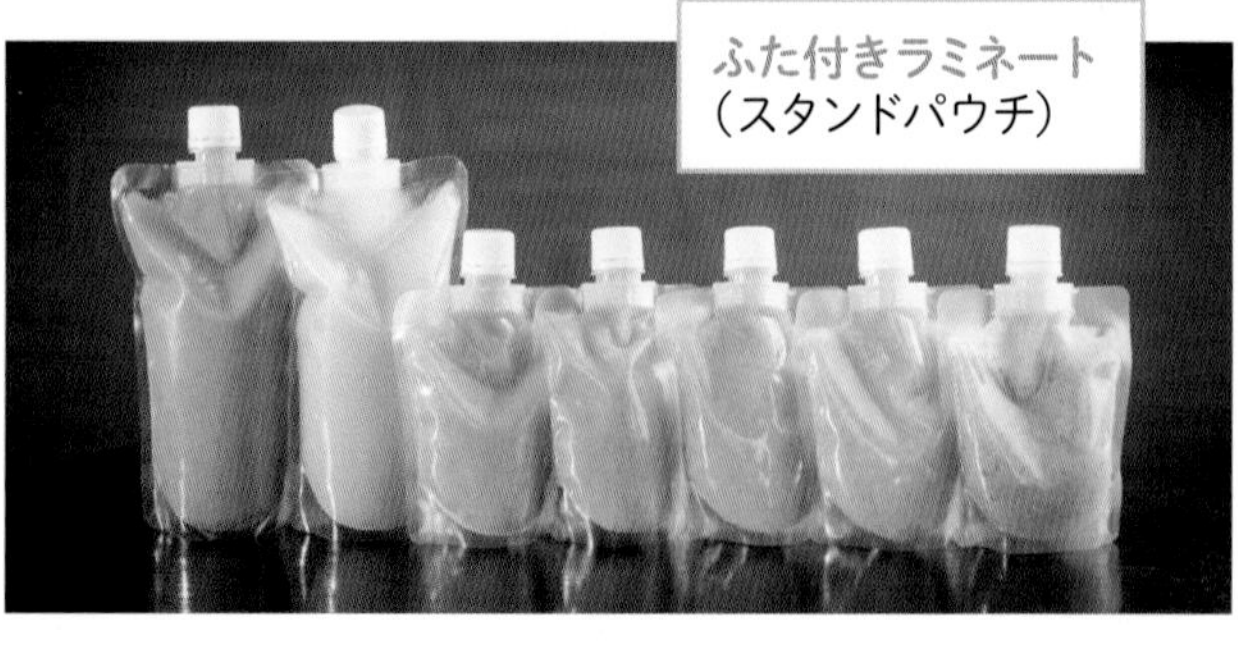

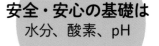

HACCP、食品表示にも生きる製造記録

製造中に測って記録を残すこと

加工作業の３種の測定器
温度計、糖度計、pH 計

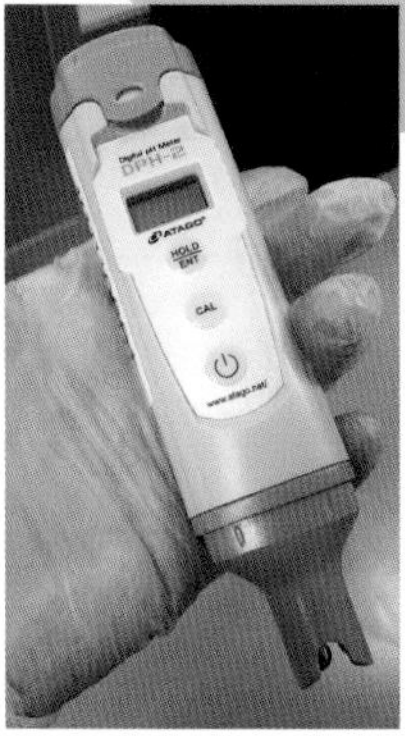

pH計
保存性にかかわる酸度をチェック

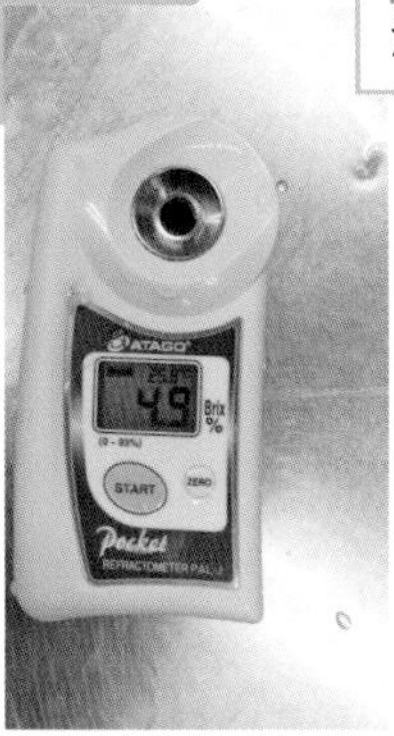

糖度計
素材の状態を知ることが調味配合の前提

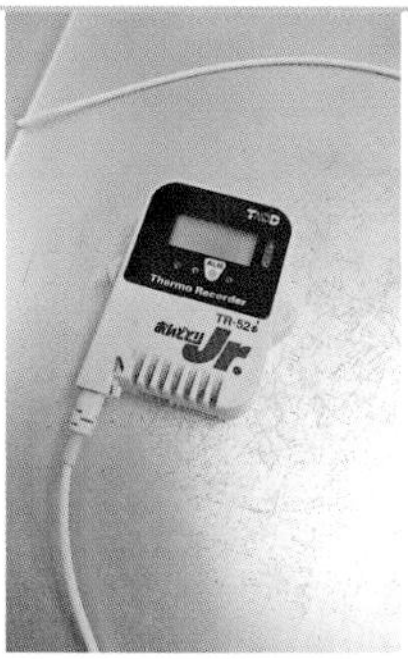

温度記録計
製造中の温度状態の推移を記録しておくのが大事

蒸気式温度計
「測る」ではなく作業しながら「見て確認」できるものを

農産加工機器
構造・機能を知って使いこなす

加工の後の洗浄作業を考えて分解しやすい機器を

裏ごし機
(パルパーフィニッシャー)
ピューレやジュースの歩留まり向上

クリの皮むき機
投入するだけで渋皮まできれいにむけて能率アップ

クリの皮むき機とむく前・むいた後のクリ

一次加工
ピューレ・ペースト・下漬けは経営を支える

人気の「ユズ」など香酸柑橘の一次加工は果皮、果肉、果汁などに分けて保存

ユズは丸ごと15分程度茹でてから分解

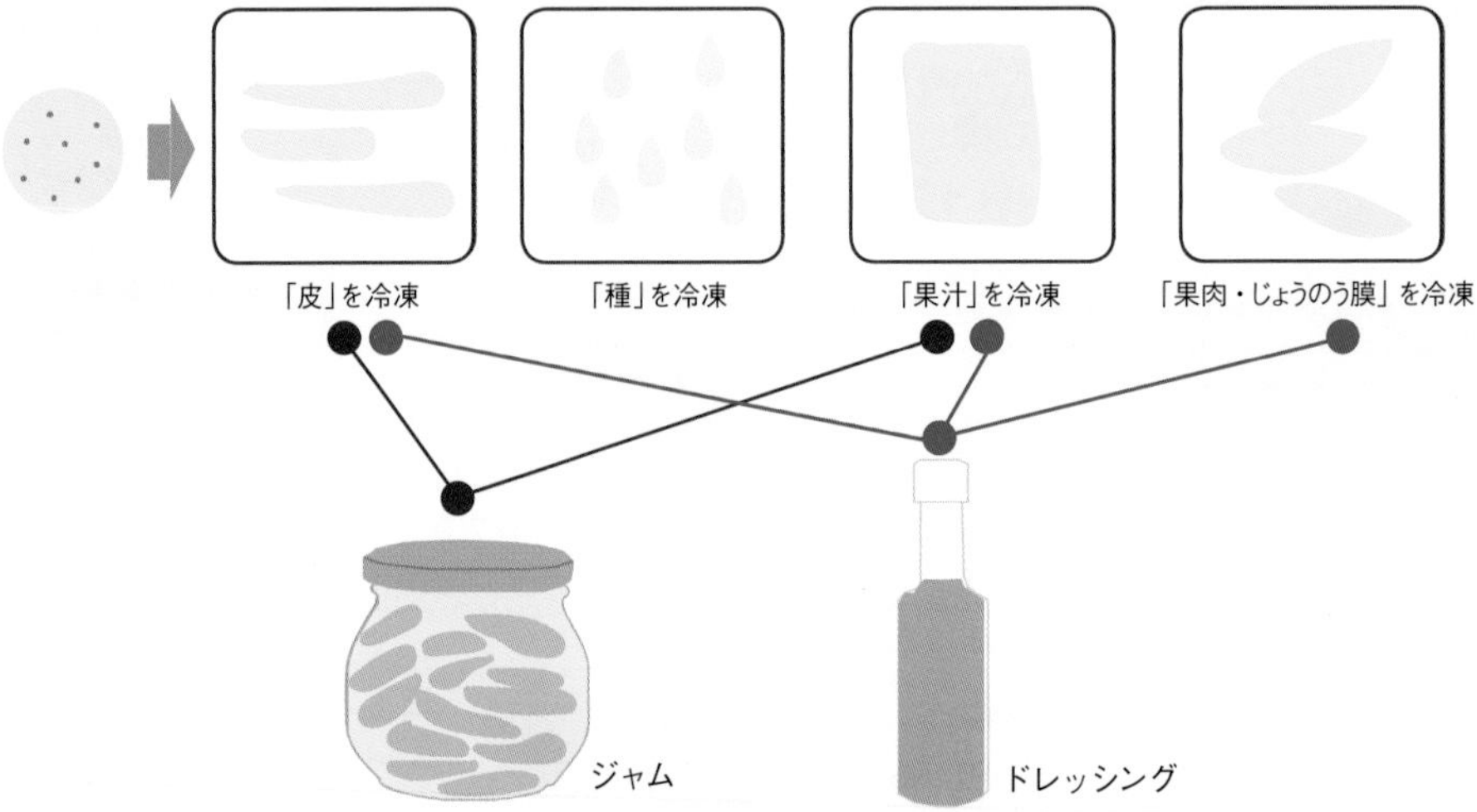

トマトの一次加工
ピューレにして保存すればいつでも使える

トマトピューレの製造工程

はじめに——知識と加工現場の違いは大きい

農産加工を始めてみたい。そう思った時に勉強が始まりますが、本を読んだ知識や座って話を聞いて勉強しているだけでは、実際に製品を完成させることは難しいと気づきます。知識と実際の加工の違いは大きく、製造作業を伴う現場での実習が欠かせないからです。本当は農産加工のことを学ぶ機会があるとよいのですが、実際にそうした場は各地の農業高校や農業大学校の農産加工演習などのほか、既存の加工所といったところに限られます。各地でさまざまな農産加工の研修会なども開かれており、そうした機会は貴重ですから、まず知識を仕入れるために聴く耳をもちましょう。そして農産加工が上手だといわれる人たちに直接会っていろいろと聞いてみることをおすすめします。聴くことを続けていると、自然にその人がやっていることの意味を考えるようになります。最初は頭に入らない場合でも、言葉だけはメモにとっておくのです。後になって読み返してみると、「あの時の話はこういうことだったのか」とようやく自分でかみ砕いて理解できることもあるものです。

農産加工の知識や技術は、少しずつ変化して世に引き継がれてきました。近年の農産加工の活力の源泉は、「昔から受け継がれてきた伝統的な生活の知恵やワザ」と「味や保存性の向上を生んだ新たな加工技術や道具」、この二つの要素を組み込みながら新たな商品が生まれてくるところにあると、私は考えています。

このため、新しい知識や流行《はや》りの加工品の動向だけを追いかけるのではなく、農産加工の先輩方の話をよく聞いたり、行動をよく観察したりすることが農産加工を身に着ける早道だと思います。農産加工の現場に行くと、加工に慣れたベテランが作業する際のスピード感に圧倒されます。加熱を始めて刻々と変化していく素材を前に、色合いの変化や味の状況、泡の立ち方、煮詰め具合の判断を瞬時に行ない次の作業にかかる。仕上がりまでの時間と次の工程までのイメージをもちながら、手元の作業を的確に行なっていくその判断がその場をまとめていきます。判断を支えるのは、現場で養われた勘や技能です。

農産加工に携わる人には、頭の中の知識と並んで、こうした現場で発揮する力も身に着けてほしいと思います。本書が、これから加工を始めたい人にとって知識と実践の双方を学ぶのに役立てば幸いです。

２０２０年１月12日

尾崎正利

もくじ

Part 4 おいしく素材感たっぷりのつくり方

Part 5 農産加工所を始めるまで

イラスト：福丸未央

Part 1

実例・農産加工でこんなことができる

かつては公的な働きかけからスタート

近年、農産加工に取り組み始めた人は、これまでの農産加工を続けてきた人たちとは、おもむきがずいぶん違うようにみえます。私の周りで農産加工にかかわる人たちを頭に浮かべてみても、その取り組みに対する考え方や志向はこの30年くらいの間に大きく変わってきたように思います。30年前なら、衰退していく集落を何とかできないか、農業経営の助けにならないかといった地域振興や農業振興の色合いが強いものでした。各地の行政や各県の普及指導センターなどの公的な働きかけもあって、地元の農山村の主に女性グループがこれに呼応して、公的な予算がつき、施設が整備され、地元集落の農産物を主体に活用しながら、加工事業に取り組むということが多かったように思います。

個の思いで始める加工へ

今は違います。最近新たに立ち上がった農産加工では、ひとりひとり、それぞれが実現したい思いがあって、そのために自らの意志で農産加工にチャレンジして取り組むケースが増えています。そういう時代になってきている。自分の仕事の幅を広げたい、手段として加工をやりたい、チャレンジしたい、カッコよく加工してSNSなどで拡散したいといった、対外情報発信もセットで最初から取り組む人も多いようです。一言でいうなら「自分らしさを表現する手段としての農産加工」といえるかもしれません。

写真1－1　自己表現としての農産加工
イベントでの販売では外国のお客様との交流も

1 私らしさを表現する

いまどきの農産加工

離乳食をつくり置きしておきたい

初めての子育ての場合はとくにそうですが、離乳食はていねいに手間をかけてつくることが多いと思います。しかし、忙しい中で手間をかけてつくるのがなかなか難しいという場合もあります。つくる時にはていねいにしかもたくさんつくって、その食感や品質を安定したまま保存したいと、考える親御さんは多いのではないでしょうか。これまで小さなお子さんを育てながら、手づくり離乳食をつくって他の人にも分けてあげたいと考えて、農産加工研修セミナーを受講された若いお母さんがおられました。これにはなるほどと思いました。今現在のユーザーとしての自分が開発にかかわるわけです。出来上がった離乳食を適切な容器を選んで真空包装し、加熱殺菌を施して急速に冷却しておけば、冷凍の状態で品質を保った離乳食ができます。

自家菜園でとれすぎたトマトを加工したい

人口が増え続けている県庁所在地での話。ここでは遊休農地を活用した市民農園で夏場に収穫できるトマトを栽培する人が多いそうですが、その年は、思いのほかにたくさんのトマトがとれたというのです。しかもあちこちの市民農園でも同じようにトマトが豊作。つくった方々はそれぞれ知り合いやご近所に配ってみたがとても消化しきれない。そこで、市の担当者が、使いきれないトマトを集めて、ケチャップやジュース、ピューレに加工したら面白いのではないかと思いついて、私のところに加工の方法を教えてほしいと電話をくださいました。ご本人には農産加工の経験はないのですが、「街中に生かしきれない収穫物ができてびっくりです」と言っておられました。戦前の「食道楽」という本には家庭でアイスクリームを手づくりする話が出てきますが、昭和30年代までは各家庭の中に食品加工ともいうべき手づくりの食品がありました。当時の農産加工の本などをみると、家庭で加工する方法が書かれています。その後の高度経済成長の時代を経過するうちに食品加工はすべて市販品に置き換わったのですが、市民農園など自分で作物を栽培することが、再び食品加工を家庭に取り戻す契機にもなっていると感じます。

園庭の甘夏みかんで園児たちの飲み物をつくりたい

私が住む九州地方では普通に、戸建ての一軒家の庭先に柑橘が植わっている光景を目にします。ある若いお母さんからメールをいただきました。お子さんが通う幼稚園の園庭に甘夏みかんの木があって、たわわに実っている。これをマーマレードやジャム、ジュースに加工したい。しかも保護者と園児にも、加工作業を体験させたいということです。どうやら他の幼稚園でも、ウメをジュースにしたり、ブドウでゼリーをつくったりする体験を園児にさせているらしいのです。園庭で育ったものを題材に、加工して保存する方法をみんなで学び、みんなで分けて食べ、周りの人たちにも広げたいと考えた幼稚園の先生方が、後日、農産加工セミナーに参加されたことがありました。

「コンニャクを手づくりしてみたい」から始まってとうとう栽培まで

商工会のパート職員として勤務していた蘇木貴久美さん。以前から地元の直売所に手づくりコンニャクの商品が少ないことに着目して、自分でコンニャクを手づくりして売り場に並べてみたいと密かに勉強を始めていました。そんな折、ちょうど町で始まった農産加工セミナーに参加するようになりました。コンニャクの容器包装と加熱殺菌での保存処理の方法を身につけると、町が保有する共同利用型の加工室で製造を始めて、念願の直売所での販売を実現しました。そして翌年には、町の六次産業化支援の補助金を得て自宅の一部を加工室に改築して、本格的にコンニャクの製造を開始。さらにコンニャク栽培も始めました。原料となるコンニャクイモの土を洗い落とす作業と、その後の下処理には最も気を遣っています。作業はすべて一人で行ないますが、収穫後に芋を洗うのは、なかなか手間がかかるものです。そこで、写真にあるようなコンニャクイモを洗う器具を導入しました。作業効率はもちろん、洗浄の効果も上がっているそうです。

写真1－2　コンニャクイモ洗い機と蘇木貴久美さん（写真：福丸未央）

農場・加工「体験」を売る
——「むぎわらファーム」

当初はイタリアでの料理修行に出たのですが、料理の素材生産である農耕に目覚めて帰国した林亮輔さんは、30代で就農しました。現在、農業で独立することを目指す4人の従業員とともに水田10ha、小麦・大豆・ソバ13ha（大豆は2～3ha）、キュウリ・ピーマン・白菜、山芋などの野菜を7ha耕作しています。大学で心理学を学び、卒業後は就職していましたが、料理人を志してイタリアに修行に出ました。しかし料理を学ぶなかで、料理のベースになる素材の生産こそが最大の魅力だと思うようになり、農業のもつ奥深さに惹かれて農業の道に飛び込みました。

写真1－3　むぎわらファーム　林夫妻（写真：戸倉江里）

筑前町の特産黒豆「クロダマル」を栽培し、自らがこの大豆の魅力を最大限に引き出した加工品をつくりたいと、加工品「黒ぽん」を製造して商品化しました。一瞬の膨張力を利用する米の「ポン菓子」という製品がありますが、その大豆版が「黒ぽん」です。加工品では自社栽培のニンジンを使ったジャムとドレッシング、ニンジンジュース、クロダマル味噌、クラッカーやケーキ、ソバ味噌なども販売しています。この

写真1－4　黒ぽん（写真：戸倉江里）
むぎわらファーム

加工分野の製造や販売を一手に引き受けているのが奥さんの美帆さん。病院の管理栄養士として勤めていましたが、自分の子どもたちに手づくりで安心して食べられるおやつや食事をつくりたい、そして販売にも挑戦したいと、病院をやめて独立し、管理栄養士のスキルと経験を生かした加工品づくりに力を入れ始めます。

元々、二人ともに仕事についていては「自分たちは農家をやっているという感覚はなく、自分の畑とつくった農産物を中心に食、加工品、体験、人の輪やつながりを広げていくことをなりわいとしているんだ」という視点をもっていて、おしゃれな自宅の空間を生かして農家民泊も始めました。関東からの学生さんや遠く海外からのお客様などには、畑で栽培している野菜を直に触れて、それを料理したり加工して楽しむ暮らし方はとても新鮮に映るようです。

食をテーマにしたワークショップも手がけていて、亮輔さんが栽培したキャベツや小麦粉を使って、自宅に広島から広島風お好み焼きのシェフを招き、お好み焼きワークショップを開催して楽しむなど魅力的な取り組みも行なっています。また農園のスタッフのなかにはソバ打ちの達人もいて、ソバ打ち体験もできるようにしています。出張ソバ打ちにも応じています。

こうした体験型ワークショップも農家の農産加工の一つのあり方として注目したいと思います。農産加工品の販売という「モノ」のやりとりとあわせて、加工品を製造するという貴重な「体験」を売る。その素材として自らの農場でとれた生産物を使ってもらい、できた加工品や調理品はすべて「参加費用」に含まれ、土産品になりますから、販売という観点からみれば毎回つくった製品がその場で即完売しているともいえます。しかも訪ねてきたお客様には農場の加工品や生産物を紹介できますし、農場での体験は何よりのみやげ話にできます。後々通販のリピーターになってもらう可能性も高まります。これは、体験の場と生産した農作物をもつ生産農家ならではの加工販売の姿だと思います。しかも参加者は回数を重ねるほど満足度が高まる。これは一石三鳥かもしれません。

農産加工の技術を導入して相乗効果
――「街道カフェ　やまぼうし」

私の加工所がある福岡県朝倉郡は、江戸時代には長崎街道、日田街道、薩摩街道、秋月街道という四つの街道が通っており、薩摩街道は、かの薩摩藩の篤姫が江戸輿入れの際に通ったとのことで宿帳に記録が残っているそうです。その日田街道沿いにあるのが「街

道カフェ　やまぼうし」。もと造り酒屋だった建物で、築112年の古民家を改築して店にしています（写真1―5）。「地産地消・安心安全」な食材で飲食を提供することをコンセプトに、店の裏手に広がる畑で栽培している野菜をはじめ、米、小麦、ドレッシングに使う材料はすべて地元産の農産物を使用しています。造り酒屋だったこともあり湧き出る地下水は折り紙つき。

写真1－5 「街道カフェ　やまぼうし」

　代表の滝田英徳さんは「地域循環で環境にもやさしい店にしたい」という経営姿勢をもっています。元々は定年退職まで大手メーカーのエンジニアでした。以前から退職後は実家のある九州に戻って、関心のあった日本ミツバチを飼い、有機農業を始めることを考えていましたが、農作業＋養蜂＋カフェの経営という形で実現できました。定年後の生き方として、英徳さんの暮らしぶりに魅力を感じる人も多いようです。

　お店の敷地にある庭園では、日本ミツバチを飼い蜂蜜を採集しています。カフェの別棟では養蜂講座も開催しているので、飲食の他に人が寄っていく場が生まれています。

　こうしたカフェの開設では、家族のなかの誰かがリーダーシップを発揮するケースも多くみられますが、「街道カフェ　やまぼうし」の場合は、家族みんなの合意でスタートしたというところが少し変わっています。この「家族の合意」があって家族みんながそれぞれの持ち場で店の発展に貢献できるため、一家の結束力も強く感じます。お菓子づくりの担当は英徳さんの奥さん。カフェを始める前からケーキづくりも行なっていて、人が集う場をつくるのが昔からの夢でした。接客と加工所は英徳さんの娘の和香子さん、日本ミツバチの養蜂担当は和香子さんのご主人。

　娘の和香子さんが地元で開催された農産加工講座を受講されたことで、私はご家族を知ることになりました。

　開設してから8年、飲食店としても定評を得て順調ですが、農家から突発的に「この材料を使ってほしい」とたくさんの材料をいただいたことがあるそうです。すぐには使いきれないほどの材料を、ある程度ストックできる保存方法を会得したいという思いがありました。また、飲食店ゆえに売り切れもつきものですが、だからといって毎日量を増やして準備しておくのも無駄を生じます。定番メニューのカレーライスがおいしいと評判ですが、持ち帰って家でも楽しみたいという要望も増えてきました。

農産加工講座で、真空包装機を使って調理品を脱気し、加熱殺菌（１００℃以下の低温殺菌）を施して冷凍で保存する方法を学びました。そしてタイミングよく地元自治体の六次産業化支援の補助事業に採択されて庭に別棟の加工所を開設しました。

その結果、カフェを営みながら農産加工の技術を導入できるようになり、新たな展開がみえてきました。カレーは煮込んでから真空包装し加熱殺菌後に一度冷凍すると、どういうわけか熟成具合が増して味が良くなりました。また、お店で人気の煮込みハンバーグも冷凍保存できて突発的な注文に対応できるようになり、品切れを起こす心配がなくなりました。さらに、生産者に分けてもらった大量のタマネギなどの野菜類は、下処理を施して真空包装で冷凍保存しておくと、旬の味を長く保存していつでも料理に利用することができます。そして、今はおせち料理の真空包装製品など高単価の季節メニューの商品提案を拡大したいと考えています。

女性ばかりで起業独立
――「ヤスタケファクトリー」

福岡県古賀市は柑橘の産地として知られ、今でもしっかりした味のいいみかん類を栽培する農家が生産を行なっています。その産地で柑橘から転換し、水菜をはじめとした園芸野菜の栽培で規模を拡大してきたのが「泰正農園」。安武美喜江さんは園主であるご主人の農作業を、野菜の選別や出荷作業などで手伝うかたわら、農産加工に取り組んでみたいと長年思っていました。

ちょうど２０１２年ころ、古賀市の事業で「古賀の逸品づくり事業」（Ｋ―１事業）が展開されていました。地元の農業生産者の素材を生かして、魅力的な特産商品づくりにチャレンジするというグランプリ事業です。安武さんは農園の作業スタッフに声をかけて、この事業でお客様にＰＲできるものをつくろうと試作を始めました。私はこのＫ―１事業の実行委員会に所属していましたが、その立場で加工品づくりにチャレンジしたい出品者の製品づくりの応援も行ないましたので、安武さんの自宅にうかがい、５種類のニンジン（橙・赤・白・黄・紫）でニンジンジャムをつくりたいという要望に添って、実習を交えながら製法をアドバイスしました。翌年（2年目）は、ニンジンでドレッシングを5種類つくりました。3年目には、私の会社のジュース加工所が完成していたので、そこで相談しながら製造を行ない、グランプリに出品することになりました。最終的に3か年で5種類のニンジンで、延べ15種（3品目×ニンジン5品種）が生まれました。

最初の年にジャムづくりをアドバイスした時に、ご自宅で安定した加工品生産を実現したいからと、「使っていない台所」を加工所にする相談もあわせて受けました。昔の台所でしたが、長いシンクがあって水回りが便利。素材の洗浄や冷却などの作業がしやすい。施設としても問題はなく、その当時の施設基準で加工所の許可が取得できそうだと思い、保健所への申請をすすめました。その結果、自宅内に製造所の許可を取得した加工所をもつことになりました。経営的には、「泰正農園」とは別に発足する農産加工の仕事という位置づけだったので、「ヤスタケファクトリー」という屋号で新たに立ち上げました。

古賀市のK－1事業は3か年で終了しましたが、安武さん以下女性3人で始めた「ヤスタケファクトリー」の彼女たちの商品は、さまざまな商談会での評判が良く、徐々に販路が広がっています。都市部の屋外販売の場で、私の加工所「職彩工房たくみ」は「ヤスタケファクトリー」の彼女たちと一緒に、5種のニンジンジュースを含むさまざまな品を揃えてジューススタンドを実験店舗で運営する機会がありました。安武さんをはじめ女性ならではのお客様への接客応対は、商品説明がしっかりしていて元気が良いということで評判になり、来場者アンケート評価では、出展ブース中で1位になりました（写真1－6）。

写真1－6　ヤスタケファクトリーのニンジンジュース

女性ばかりの「ヤスタケファクトリー」では安武さん自身の人柄の魅力とあわせて、スタッフも多芸多才です。イベント販売時のＰＯＰ製作や装飾に長けた人、お金の計算が正確で会計事務にぴったりな人、子育てしながら製品のラベル貼りなどを手伝う人など、皆さん加工の経験は皆無ですが販売活動などには強く、それぞれが組織としては欠かせない役割を担っています。

　ジャムやドレッシングの製品は安武さんが主に製造しますが、加工品の開発では必ず女性スタッフと一緒に相談しながら進めていきます。

　2019年の夏にはニンジン以外の素材の加工品も生まれました。かつての柑橘農家だったころに残していた農園のレモンです。私の加工所もお手伝いしてレモンのシロップに仕上げました。レモンの果汁に蜂蜜と水飴のみを配合し、レモン果汁の割合は60％。酸味は勝っていますが、すっきりとして味が良く、市販品の甘さがきついシロップとは違いおいしい。安武さんにとって、かつての柑橘農家であったころを思い出させてくれる一品になりました。

集落支援員から町の「加工品づくり名人」に

――「旬果工房てらす」

　宮崎県日之影町の追川上《おいかわかみ》地区。宮崎県の最北にあり大分県と境を接する町の一番山奥の集落です。ここに集落支援員としてかかわったのが、千葉県市川市生まれの岡田原史さん。ここに住む住民6人を中心に「山寿《やまじゅう》農産加工所」という農産加工施設兼交流施設をつくる際、彼はその支援をすることになりました。加工所建設は、山村のイベントで人を呼び込みたい、身の周りの素材でできる加工品をもっと商品化してみたらどうか、と2011年ころに語り合ったのが出発点です。

　当時は地区の女性たち5〜6人がコンニャクや漬物をつくり、道の駅などに出荷していました。加工施設の建設費には県と町の補助金が出ましたが、大工だった仲間を中心に工事はすべて自分たちで行ない、2014年には加工室もできました。私が日之影町の農産加工セミナーを担当し始めたのはちょうどこの加工所の開設のころで、当時から岡田さんは加工所の取り組みにかかわっていました。今でも覚えていますが、初めて山寿農産加工所に加工指導で出向いた時、山林道を抜けて山の上に現れた山小屋のようなその建物を見て、私は「天空の加工所だー」と感嘆の声をあげたものでした。深い谷で隔てられた隣の山までも広く見渡せる抜群のロケーションにその加工所は建っていました。

　この地区の地コンニャクづくりは、木灰汁を使うもので、コンニャク独特のイヤな臭みがありません。ただ、町内には昔ながらの製法でのコンニャクづくりを引き継ぐ人は現れそうにもなく、いずれ消えてしまいそうでした。これを惜しんで、ぜひ引き継ぎたいと考えた岡田さんは、支援員の任期を終えてからそのまま村に定住することに決めました（写真1－7）。

　日之影町は、あまり知られていませんがクリの一大産地。青果の多くは市場を通して他産地に出荷されていきますが、JAへの出荷では規格外品が結構出ます。クリの生産者からはもっと町内で利活用が進まないだろうかという声が出ていました。また山間部ならではのシイタケやユズ、猪の肉などもあります。

写真1－7　地コンニャク（写真：岡田原史）

　岡田さんは支援員をやめて独立するにあたり、2016年に「旬果工房てらす」を起業しました（写真1－8）。最初に、岡田さんは伝統的な「木灰汁製法の地コンニャク」の製法を、85歳になる岩本ヤス子さんから2年がかりで教えてもらい、そのワザを受け継いで、宮崎市内のレストランにも素材として提供できるようになりました。また2017年には町内のクリ600kgとユズ200kgを仕入れて加工品にして販売しました。地元に生かされて生きる。町内の農産物を買い取ることで地元の農家にとっては貴重な存在となりつつあります。私も彼の製品である「むきクリ冷凍パック」を福岡にあるイタリアン料理のお店に紹介し、そちらの店に送ってもらった品は、その素材の新鮮さが絶賛されました。

写真1－8　作業中の岡田さん（写真：戸倉江里）

　2017年には、山寿加工所が増築されてコンニャクや煮しめを炊く新しい釜が設置されました。加工品のアイテムを増やすと同時に、加工所が「春の山菜まつり」、夏の「子どもの自然体験教室」、秋の「紅葉狩り」などで町外からの来訪者と地区の住民が交流を楽しめる場にもなりつつあります。

岡田さんはその後、ユズやキンカン、ヤマモモなどのシロップ製品も手がけるようになり、素材を生かして砂糖と洋酒だけで仕上げた「和栗じゃむ」は濃厚なおいしさで人気を得ています。今や地元の加工品づくりの名人、とでもいうべき存在になっています。

まだまだある身の周りの加工素材

身の周りにあっても使わなかった素材を、加工品の素材として見直せば、農作物の新たな利用法へとつながります。これとは反対に、こんな加工品が欲しいという要望が形になると、その素材を地元で栽培してみようという気運が盛り上がりますし、さらに地元で何か他にも加工素材に生かせるものはないかと、活用方法と素材の双方を探そうという目になります。

島根県美郷町で取り組み始めたユズの加工品は、そうした例かもしれません。元々、美郷町はユズの産地ではありませんでしたが、過去に商品作物としてユズを導入した歴史があり、庭先に植えた家も少なからずありました。しかし実がつくまでに時間がかかる香酸柑橘のユズは、今では全く知られない存在になっていました。そんな中、「ユズごしょう」があったらいいねという声が地元の女性グループの方からあがり始めました。ちょうど美郷町では農産加工のセミナーを開講しており、町役場から「九州でポピュラーなユズごしょうのつくり方を」という要望があり、実習形式で講習を行ないました。この時、ユズの有効な使い方として、ユズマーマレードやゆず大根漬けの試作も行ないましたが、その後、年末の、町で組むギフト品に、ユズ関連製品のセット商品が組み入れられることになりました。

このように、地元では家々の庭に普通に植わっている庭先果樹でも、特産加工品開発の素材にできる上に、少量の地域資源を有効利用した加工品が生み出せます。物が動き出すと、地元にあるものを広げていこうという動きにもつながります。

過去の農業政策では「産地」にするために品目を選択して絞り込み、生産部会を組織して構造改善した農地に植栽し、生産された農作物は規格を揃えて大都市の青果市場へ出荷するというパターンでした。そうした「産地化」にはならずに日の目を見ていない素材は結構あちこちにあります。

美郷町でのユズの取り組みを聞いて、さっそく隣の大田《おおだ》市では甘夏みかんを生かそうという話が立ち上がり始めています。この大田市でも2019年から島根県の事業で農産加工セミナーの講師を担当させていただいています。新たに道の駅の開設を控えている大田市では、できるだけ地元に密着した特産加工品を開発していきたいという意図で、加工品づくりの人材育成から始めてみようというわけです。

大田市の場合は、かつて甘夏みかんの産地を目指して苗木が植えられ生産組織がつくられる動きがありました。加工品も手がけたもののそれが大きな成果にならず、地元では甘夏みかんの話はあまり喜ばれないものになってしまいました。隣県・山口の城下町・萩市の名物の甘夏みかんの花香る町にしようとした計画が挫折してしまったのです。しかし、大田市には果物が少ないのですが、甘夏みかんなら昔に植えられたものがそのまま放置されている。これを使えないかということで、甘夏みかんの下処理をしました。

大田市には水産物が豊富に水揚げされ、三瓶山《さんべさん》の麓では畜産品もありますので、こうした地元の素材と組み合わせられる甘夏みかんの加工品の開発につながらないかと期待しているところです。加工品セミナーでも甘夏みかんを素材にとりあげていくことが決定しました。栽培して一度も日の目を見たことのない甘夏みかんが、脚光を浴びることになればと思います。今から植えるのなら収穫できるまでに時間が必要ですが、大田市はそうではない。すでに昔の人たちががんばって植えた甘夏みかんがあって、それが使えるわけです。甘夏加工がきっかけで地域が動き出すことになるかもしれません。

Part 2

保存性を高める基本
——安全・安心はここから

大手の食品メーカーであれ、一人で製造する小さな加工所の加工品であれ、出荷される加工品の「安全・安心」は等しく確保されるべきものであることは変わりません。むしろいっそう求められる時代となっているといってもよいようです。

先にも紹介したように、今や農産加工が「私らしさ」を表現する一つの手段であるからこそ、どんな小さな加工所であっても、技術の基礎としてこの「安全・安心」の確保が求められることを強調したいと思います。

2 農産加工の出発点は容器包装から
安心安全の勘どころ

容器包装で保存がきく

おいしくする「調理」と日持ちさせる「加工」

農産加工品づくりの相談に来る方のなかには、レシピ投稿サイトでみかけたレシピでつくってきたという人が結構います。サイトでみたレシピでつくると日持ちが悪いからどうしたらよいか、という相談も時々寄せられます。基本的に便利な情報であっても、すべてにおいて万能というわけではありません。まずレシピサイトで紹介されているのは「料理」であって、仕上がってすぐに食べる、あるいは冷蔵庫に保管するにしても1週間以内に食べきるものがほとんどです。しかも贈答や販売といったことは前提にされていません。これは比較的長期間、ものによっては1年間以上も容器に入れて保存ができる農産加工品とは品質保持の点で異なるものです。

また、料理上手な方で自分のつくり方に自信がたっぷりある場合も、料理のつくり方のままでは、農産加工品として保存や品質保持がうまくいかないケースがあります。出来上がった料理を包装して加熱殺菌すれば加工品になるかというと、それでは十分ではありません。必ずしもおいしい料理のつくり方で、そのままおいしい加工品になるとは限らないのです。たとえば惣菜品を容器包装して日持ちさせようと考える場合、加工品の製造では容器包装後に加熱殺菌が入ることが多くなりますから、調味料の具材への染み込み具合とか、素材への火の入り方をある程度計算しておくことが欠かせません。野菜が必要以上に加熱されて色合いを損ねたり、出来上がりの味が濃くなってしまったり、煮物のゴボウが食感をなくしてしまうといったことが起こります。容器包装して加熱殺菌を施すことが内容物にどんな効果をもたらすかを冷静に観察していくことがまず大事です。

　このように「料理と加工は似ているようで違う」という考えをもつことが、農産加工の出発点になります。下ごしらえや調理の良し悪しで味わいに差が出る点は一緒なのですが、それに加えて一定の保存性を製品に付与するのが農産加工品だともいえます。出来立てのおいしさをいただく料理とはやはりそこが違います。

　また、時期によって、大量の野菜や果物が手元にある時に、後々利用できるようスピード感を意識して下処理を施しておく「一次加工品」も農産加工品に含まれます。農産加工では、時間にゆとりがある時に楽しみながらつくるという優雅な側面もありますが、「素材を無駄にしないぞ」という緊張感をもって、量をこなす作業も時には出てくるのです。大量の素材の加工では、慣れないために衛生面への配慮が疎かになりがちです。そこで加工作業が組みやすい施設や道具や作業工程の計画、保存性を加える手段などを最初から考えておく必要があります。

　良い農産加工品とは、安全な製法でつくられていながら一定のおいしさがあり、容器包装されて保存がきき、遠くまで搬送してもその品質が変わらず維持されるものです（写真2－1、2－2、2－3）。

　これらの「料理と加工の違い」を理解した上で、レシピ投稿サイトのレシピの一部を保存性を意識した製法に変えて、ドレッシングの製品を商品化し

写真2－1　カレールーと特徴的な具材を分けてパック

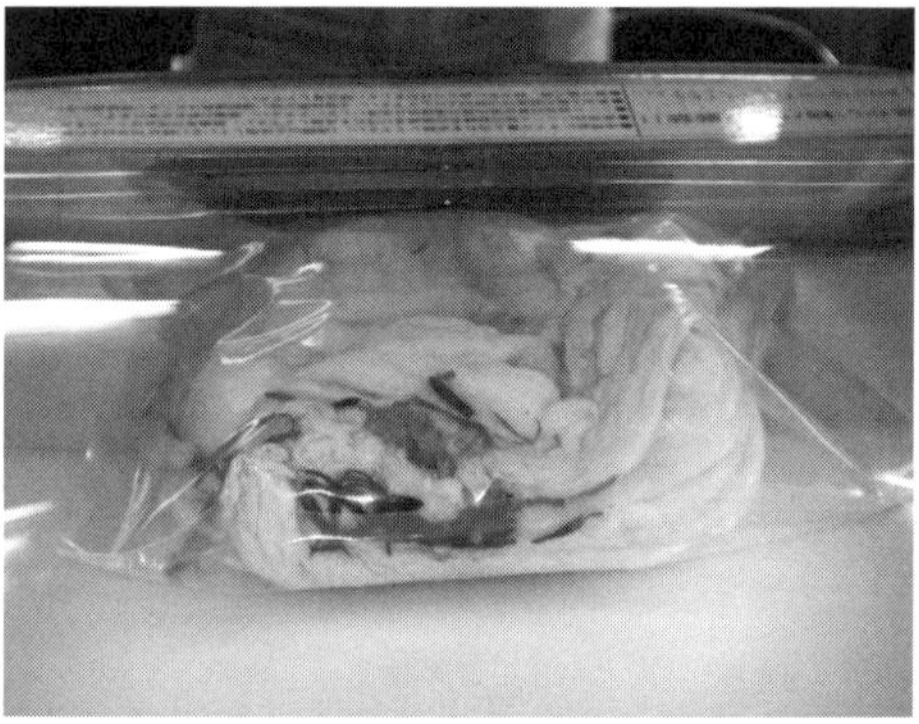
写真２－２　白菜漬け

た人がいますが、これなどは立派なオリジナル農産加工品だといえます。自らの工夫で製法を改良して製品化に辿り着けたわけですから。

包装容器の選び方

【加工品にマッチした包装容器】

各地で開催される農産加工セミナーにはアドバイザーや講師として参加し

写真２－３　アジの開きの真空パック

ていますが、最初の話のなかで「容器包装」の話をすることにしています。包装容器は、農産加工品に直接触れるものであり、製品全体を包み込むものであり、どこへでも持ち運びできて、温度管理にも対応しやすくするものです。製品にとっては利便性を与えてくれる、文字通り食品加工とは切っても切れない存在だといえます。

包装材料を分類した一覧表を挙げておきます（表２－１）。容器包装の手立てがなければどうなるか、表２－２はそれを示したものです。まず食品自体が細菌やカビの汚染と繁殖を招きやすくなるほか、落下などによる製品の破損、そして他の汚染源からの二次汚染の危険性も出てくることがわかります。

農産加工セミナーの初回で、現地で真空包装機が使えるような場合には、開催前にセミナー事務局の担当者に「初回は容器包装のことをやります。まず、真空包装機で品物を脱気包装する作業を行ないますので、当日、参加予定者の皆さんに自分で包装してみたい料理や加工品を少量ずつそれぞれ持ち寄っていただくように伝えてください」と事前準備の段階で、相談しておきます。

すると当日、ポテトサラダをもって

表２－１　包装材料の分類

包装材	小分類		具体例
金属	スチール（鉄）		食缶、飲料缶、装飾缶、ドラム缶、18リッター缶、高圧容器など
	アルミニウム		飲料缶、押し出しチューブなど
ガラス	びん		飲料びん、食料用・調味料用びん、化粧品びん、薬びんなど
紙・板紙	洋紙	包装用	両更クラフト紙、ロール紙、包装用紙など
		薄葉紙	グラシン紙、薄葉紙など
		加工用原紙	塗工用原紙、含浸加工用原紙、硫酸紙原紙、紙紐原紙など
	板紙	段ボール原紙	外装用ライナー、内装用ライナー、中芯原紙など
		白板紙	白ボール、マニラボール、黄板紙、チップボール、色板紙、雑種板紙（ワンプ、紙管原紙）など
	和紙		せんか紙、紙紐原紙、包装用紙など
	加工紙	塗工紙	クレーコート紙、ターポリン紙、合成樹脂塗工紙など
		含浸加工紙	蝋紙、油紙、合成樹脂含浸紙、硫酸紙など
		積層加工紙	ターポリン紙、合成樹脂ラミネート紙、アルミ箔ラミネート紙など
セロハン	普通セロハン		一般用、ラミネート用、テープ用など
プラスチック	防湿セロハン		ヒートシール用、ラミネート用など
	熱硬化性樹脂		フェノール、ユリア、メラミン、不飽和ポリエステルなど
繊維	熱可塑性樹脂		ポリエチレン、ポリプロピレン、ポリエステル、ポリスチレン、ポリ塩化ビニル、ポリ塩化ビニリデン、ナイロン、ポリカーボネート、エチレンビニルアルコール共重合などのフィルム、容器、緩衝材など
	繊維袋		綿、麻、化学繊維、合成繊維の袋など
木	木樽包装		和樽用、洋樽用など
	木箱包装		透かし箱、枠組箱、ワイヤーバウンド、合成箱など
	木製コンテナ		
	折り箱		
その他	わら		俵、あら縄など
	コンテナ		フレキシブルコンテナなど
	粘着テープ		紙、プラスチック、セロハンなど
	その他		竹や木の葉・皮・茎などを使用した容器など

出典：水口眞一『食品包装入門』日本食糧新聞社

表２－２　もし包装がなかったら

①包装材料	・昔ながらの天然素材の包装材料だけ ・保護機能に欠ける（とくにバリア性）
②販売	・セルフサービス販売が存在しない ・地域販売で、量り売り ・塵埃・細菌の付着で不衛生 ・容器を持参（豆腐を入れる鍋など）
③流通	・製品の破損・ロスが多い ・温度別配送ができず鮮度が著しく低下 ・農産物・穀類は虫害による被害が多い ・狭い地域の流通に限定される ・スチール製品はさびる
④食品包装	・多水分系食品、半生菓子など存在しない ・長期保存商品は不可 ・携帯用食品など戸外消費ができない ・バリア機能・防水機能に欠ける ・細菌、カビなどが増殖しやすい ・二次汚染がひどくなる ・油揚げ菓子、ナッツ類はすぐに酸化される ・レトルトや電子レンジ食品は存在しない
⑤医薬・医療	・包装医薬品を行政に申請し、認可されることは包装が商品の一部 ・デスポーザブルな医療品は存在しない

出典：水口眞一『食品包装入門』日本食糧新聞社

くる、焼き魚をもってくる、タケノコの煮付をもってくる、ジャムはさすがにビンに入れてくる方が多いようですが、いずれも参加者の皆さんが調理したものがズラリと並びます。家からもってくる時にはふた付きの樹脂容器やお弁当容器などが多くみられます。そこで、まずラミネート袋に参加者がもってきた調理品を詰めて、次々に真空包装機にかけていきます。脱気して密封すると、形がないものや空気を含んで膨らんだものはペッタリと形崩れしてしまいます。予想のつかない密封の様子に参加者の皆さんが興味深く見入っていきます。脱気密封が終わると次は加熱殺菌を施します。詰めた中身にもよりますが、温度と時間を設定してボイル殺菌を行なうのです。そして冷却。殺菌した品を今度は冷水に浸して余計な温度を奪います。こうして参加者の皆さんは生まれて初めて真空包装機やラミネート袋のことを知って、自分がもってきた調理品がこうなるのだとわかります。そして実際に自身だったらどんなことができそうか頭の中ではいろいろ想像を膨らませていきます。

　真空包装機が現地にない場合は、ジャムビンや調味料ビンを使って液体やゲル状のもので、同様に実習をしていきます。この時は熱の膨張で液体の体積が増える原理を説明し、「脱気」の仕組みなども解説するようにしています。

　こうした容器包装を行なう際には、加工品の内容にマッチした包装容器を選択することが必要になります。間違いなく食品の日持ちとしての保存性に影響します。そして包装資材に何を選択するかは、液体と一緒に包装内に充填できるものであるか、また加熱殺菌に耐えうる内容物であるか、また持ち運びや輸送が可能な形状に仕上がるかといったことでも選択が変わってきます。逆に選択を間違えると、日持ちがしない、どこにも運びにくい、販売もしにくい加工品になってしまいます。

　包装容器の代表的なものには、ガラスビンや缶、積層フィルムのラミネート袋、ＰＥＴ（ポリエチレンテレフタレート）素材の容器などがありますが、ここでは最も手軽に使えるガラスビンや缶、ラミネート袋について触れてみたいと思います。

【ガラスビン】

　ビンについては、ビンを取り扱う商社の方から基本的なことをレクチャーしていただいたことがあります。

　ガラスビンの組成成分は、珪砂、石灰、ソーダ灰から成っており、空気や水を完全に遮断します。この点は合成樹脂（プラスチック）素材とは決定的に違います。熱によって破損し化学物質が溶け出す危険性もありません。においも移らず、洗浄することで再利用でき、半永久的に利用できますから、廃棄量もごく少なくなります。ただし、重いので加工所での扱いや搬送に手間と経費がかかり、形も変わりませんから保管にも場所と経費がかかります。光を透過することで内容物の変質を生む場合もあります。

　ビンが割れる原因は主に、①機械衝撃（外部からの衝撃）②熱衝撃（急激な温度変化）③内圧（腐敗・冷凍環境での膨張）の三つです。熱衝撃は温度差41℃以上で起こるそうです。加熱後の急冷などで経験したことがあるかもしれません。内圧が高まる原因には内容物の腐敗による場合もあります。これは製造工程の問題によるもので、充填する際の内容物の加温不足（殺菌温度に達していない）、内容物の水分活性の高さ（腐敗を呼び込みやすい）や

pH調整（酸性あるいはアルカリ性を帯びさせて菌繁殖を抑制する）の不十分さ、脱気の不足、施封の不十分さなどが考えられます。

また輸入クラフトビールのキット、輸入のキッチン雑貨などで買い求めたビンは、日本のビンの製造基準に合わない場合もあります。外国から輸入した容器は、日本の規格基準にある要件、たとえば耐熱性や耐圧性、定められたビンの素材成分とは異なる場合もあります。ガラスといっても生産された国や工場によってその組成成分が違うことがあるからです。２０１８年に改正された食品衛生法にも、容器包装のポジティブリストが明記されていますから、照合することをおすすめします。日本の規格基準に適した「使っても問題がない」という容器以外は極力手にしないことです。形状の恰好が良いからという理由で容器として採用したものが、使えないというケースも出てきます。包装容器を選択する場合には、その容器の製品規格が食品衛生法に合致しているかどうかを取引先に確認してもらうことが大事です。

またガラスビンではないですがドレッシング容器でＰＥＴ素材のものも多く使われます。合成樹脂製の材料ですので軽くて持ち運びしやすいことが特徴で、私の加工所でも使用しています。この容器の場合は耐熱温度が75℃前後ということが多いため、ガラスビンのように充填前の熱による殺菌を行なうことができません。このため充填物が雑菌繁殖を呼び込みにくい酸性が強いものなどに限って使用しています。

また容器の殺菌はアルコール噴霧で簡易に行なうことから、４か月以上の賞味期限を設定する製品の場合には、しっかり熱で殺菌できるガラスビンを選択しています。

【王冠・キャップ】

ビンでは充填後にふたで施封して空気を遮断します。ジュースやジャムなどはスチール製のキャップを、調味料ビンなどは合成樹脂製のキャップを使用することが多くなっています。

スチール製のキャップには、王冠やジャムビンのキャップなどがありますが、食品加工用の規格基準を満たしているものには必ずキャップの裏側に弾力性のあるパッキンがあります（写真２－４）。これはビンと密着する際に空気の出入りを防ぐ大切な役割をもっていますので、不必要にゴシゴシ洗いをして破損することは避けます。ビンでもそうですがキャップについても、食品衛生法で規格基準をクリアしたものでないと使用できません。この点も輸入された製品をどうしても使用したい場合は、まず日本の基準に適合したものかどうかを輸入業者に問い合わせるなど確認が必要になります。私の加工所では、受託加工の依頼で、原料素材と一緒に充填する容器ももってきて、製品はこれに入れてほしいといわれる場合があります。このような場合でも、もしその容器が食品衛生法のポジティブリストに適合していないものであれば、容器として使えないと伝えることにしています。

写真２－４　各種のキャップ・王冠

　一方で合成樹脂のキャップの場合は、ふたとキャップが一体化したヒンジタイプ、中ぶたでキャップして上ぶたをはめるタイプなどさまざまな種類がありますが、このキャップの耐熱性能にも留意しておきます。ビンの殺菌温度は１００℃以上で問題はない場合でも、キャップの耐熱温度が60～70℃という例もあります。製品の安全性を考えれば、できるだけ高い温度で充填することになりますので、耐熱温度が高い製品を選ぶ方が望ましいといえます。

【缶の場合】

　缶の場合は、充填される内容物にはたとえば油が強いとか、酸が強いなどの違いがありますので、そうした性質に対応した材質や塗装が缶の内側に施されるケースがみられます。それにより油ものに強いとか酸に強いなどの耐性をもたせることになります。

　通常の食品を充填する缶にはさまざまなサイズと形状があり、缶の充填作業では缶に直接蒸気を当てて殺菌して使用します。そして内容物を充填した後は「二重巻き締め」（缶のふたを缶胴に抱き合わせるように巻いて締める）によって密封し、それから殺菌処理を施します。食品としていわゆる「缶詰」を製造する場合は、殺菌処理では加圧殺菌方式で１００℃を上回る温度で行ないますが、温度と時間などから導かれる加熱致死時間（ＴＤＴ）関数で表される数値のなかでＦ値（１２１℃のＴＤＴ。１２１℃で４分間あるいはそれと同等以上の殺菌）が殺菌条件として知られます。そして殺菌状態の管理と記録を行なうことが一般的になっています。

　一方で、農産加工所では量的に大量に素材が入手できた時に、一次的に下

写真２－６　バロンボックスでの保存
写真：瑞穂化成工業（株）（大阪市）
電話：06-6793-3001

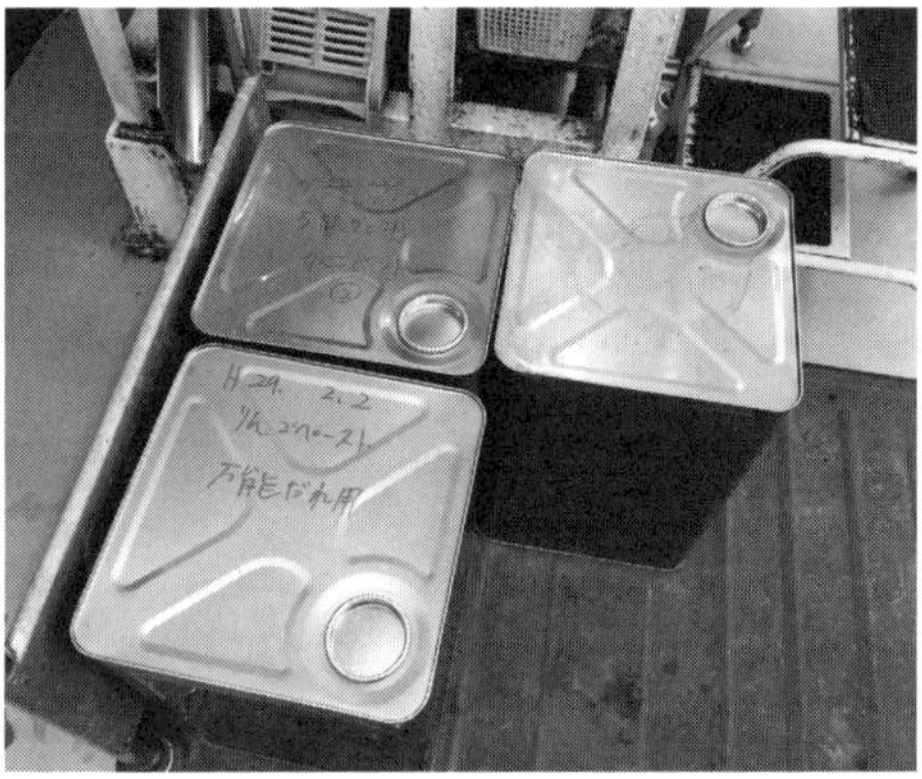

写真２－５　一斗缶での保存

処理し、保存することが多くみられます。たとえば、タケノコを水煮にしたり、山菜を塩漬けにしたりしておくような場合です。こうした時は一度に大量のものを缶に詰めておきたいので、一斗缶（18ℓ）や半斗缶（9ℓ）などの缶に詰めて、クリンパー（密封締め機）という器具を使ってふたを巻き締めます。私の加工所ではウメのシロップの他、甘夏みかんやニンジン、トマトのピューレを保管しています（写真2―5、2―6）。こうした大型の一斗缶で内容物のpHの調整ができているもの（酸性やアルカリ性の度合いを高めて雑菌繁殖を抑える）については、熱々の内容物を空気を残さないように詰めたのちにふたを巻き締めて90℃、60分ほどのボイル殺菌を行なって冷却し、冷蔵庫で保管するようにしています。

【積層フィルム（ラミネートフィルム）】

いわゆる真空包装用袋（ラミネート袋）はプラスチック容器の分類に入ります。食品を包み込んで保存に適する包装資材は、水分や空気を遮断する性能をもつことが必要です。「ラミネート」とは「積層」（多層）の造りであることを意味します。単一のプラスチックフィルムの欠点をカバーするために、それぞれ特性が違う複数のフィルムを重ね合わせて、強度と機能を増した複合素材です。とくに温度変化（冷凍や加熱）、引っ張りやこする力（擦過）に強さをもった袋が食品加工の現場では使われます。市販のビニール袋が意外にもろく、冷凍の後の解凍時に漏れたり破れたりといった残念な経験があると思いますが、袋自体の性能には違いがあります（写真2―7）。

ラミネート袋の造りをみてみましょ

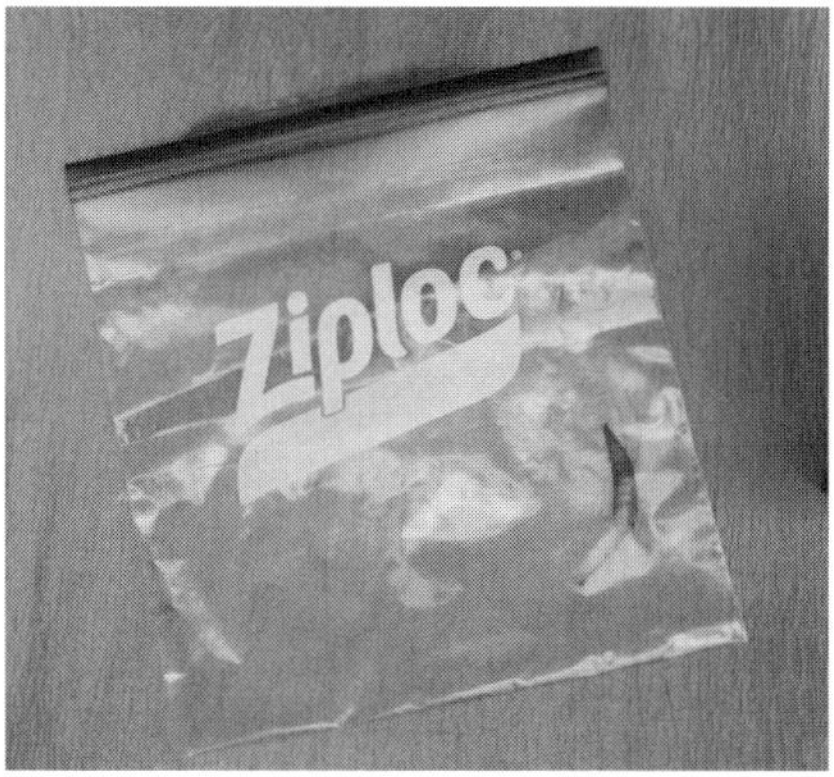

写真2－7　市販のビニール袋

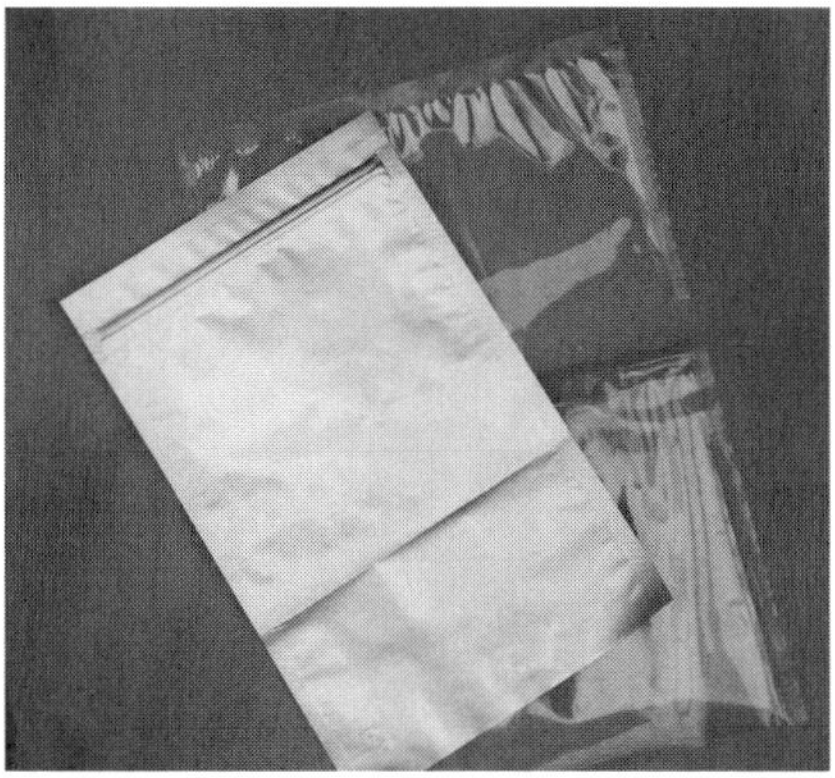

写真2－8　ラミネート袋

う（写真2－8）。まず袋を手にして加工品を充填する口が開いた側があります。それ以外の三方は、「のりしろ」のようになっていて2枚のラミネートフィルムを張り合わせ圧着して閉じています。通常のビニール袋のように、1枚のフィルムを折り曲げてできている造りのものは、折り曲げた個所の強度が幾分弱いように思います。

　食品製造の現場での使い勝手や必要な設備投資などからみると、ラミネート袋が他の容器包装と比較してどのような位置にあるのかを図にしてみました（図2－1）。「ラミネートパック」（100℃以下の低温殺菌）は、殺菌の確実性では「缶詰・レトルトパック」（100℃以上の加圧殺菌）ほど

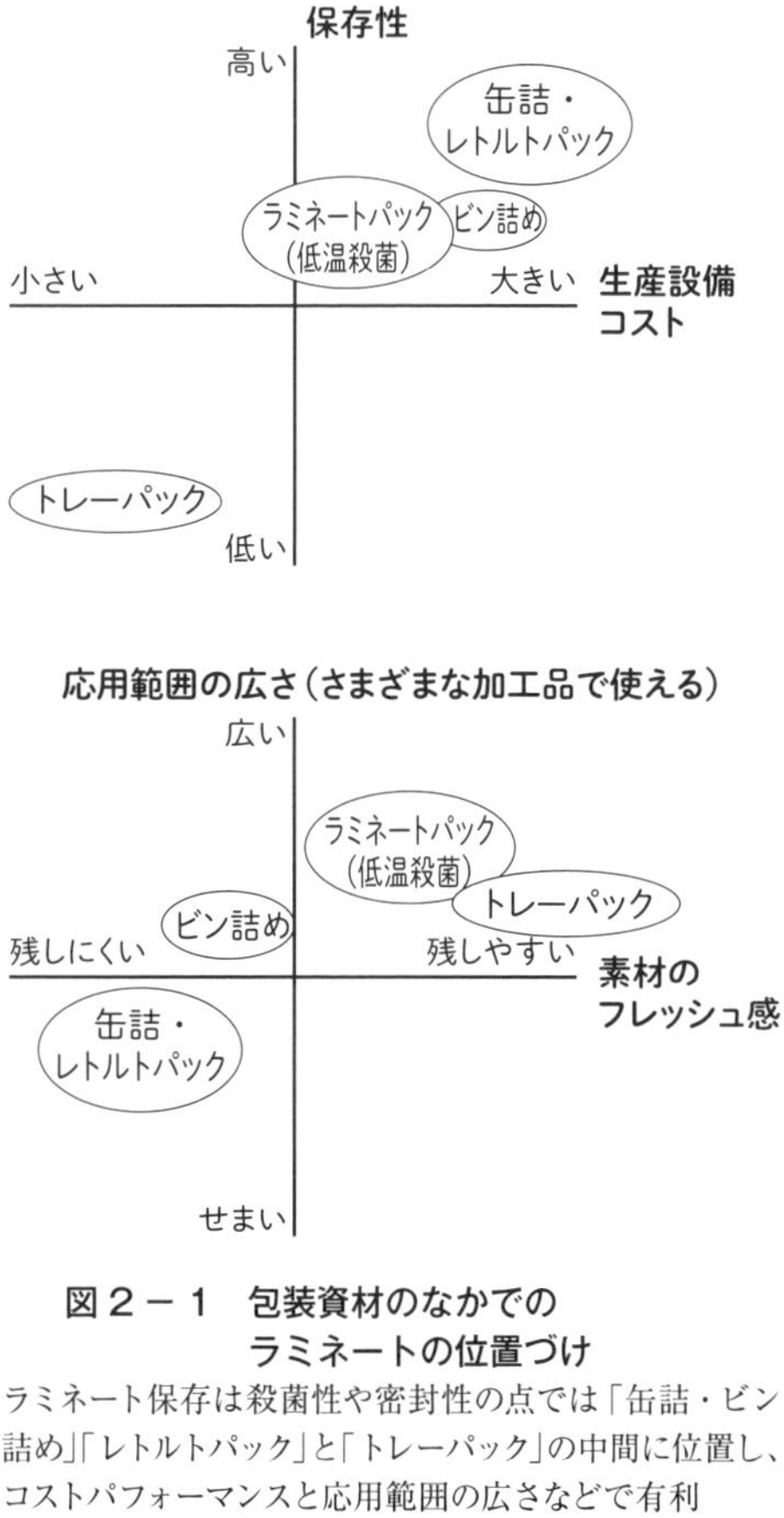

図2－1　包装資材のなかでのラミネートの位置づけ

ラミネート保存は殺菌性や密封性の点では「缶詰・ビン詰め」「レトルトパック」と「トレーパック」の中間に位置し、コストパフォーマンスと応用範囲の広さなどで有利

ではないものの、「ビン詰め」（脱気を施したもの）と同等ではないかと思います。また設備投資からみても導入はしやすいものと思います。

一方で加工への用途の広さなどでみると、「ラミネートパック」は「トレーパック」（開け閉めできる簡易なふた付きパック）で包装する場合に次いで素材のフレッシュ感などを残しやすいと思われます。充填する内容物によって条件は変わるので、非常にざっくりとした整理の仕方ですが、「ラミネートパック」は、そこそこの設備投資コストで、応用範囲の広さをもちながら、保存性にも適応したものであることがわかります。

ラミネート袋を購入する際は、包装資材を扱う商社に自分の加工品の特徴などを伝えて、それに合う包装資材を紹介してもらうのが確実だと思います。100℃を超える加熱にも耐えて生存する耐熱性芽胞菌（代表的なものはボツリヌス菌など）を殺菌するには、レトルト殺菌が必要になりますので、そうした場合も用途や加工方法を商社に伝えると、袋の選択ミスが防げます。

袋のメーカー自体は小売りしないケースが多く、おそらくさまざまな内容物を使って実験包装した際のデータなどをもっていると思いますが、そうしたデータは普通なかなか表に出てきません。結局は実際に使用しながら、どういう使い方をすると一番よいのか、実際に使ってみて自分の経験を通して判断していくことになると思います。

一方で、ラミネート袋の場合は、何らかの原因で尖ったものや固い角があるものが接触して袋の表面にピンホールという小さな穴が開くようなこともあります。とくに冷凍していたラミネート袋同士の接触は堅い石がぶつかり合うようなものですから、取り扱いを慎重にしなければなりません。直売所にある金属製の製品陳列棚でひっかかる、あるいはお客様が偶然落としたキーホルダーで穴が開くことさえあります。袋の強度によりますが、そうした安全性や強度の点にも留意する必要があります。

また、経験的に感じますが、ラミネートフィルムの性能が酸素や水分を遮断するガスバリア性をもっていても、製品を長く置いておけば、内容物の色がくすんだように悪くなったり、風味や味が劣化したりします。ラミネートフィルムにも限界があるわけです。ラミネートフィルムの表面にとりついた水蒸気は、時間をかけて浸透して袋の中に到達することが理論的にも解明されていますし（水蒸気透過理論）、空気（酸素）を透過するメカニズムもわかっています（気体のフィルム透過）。また、リンゴやカボチャ、ダイコン、アスパラガスなどのように、硬さがあり形状が残りやすい素材の場合は、袋の中で素材の切り口断面がつくる角と角の間の脱気が行き届かず空気が残る可能性もあります。

最後に、マイクロプラスチックによる海洋汚染の問題が指摘されていますが、ペットボトルやプラスチックカップだけではなく、フィルムも対象とされています。一度開封すると最終的には廃棄されるケースがほとんどですので、環境への負荷という側面にも注目していく必要があります。

【ラミネートパック包装機器】

農産加工品をラミネートパックにする場合、基本的には真空包装機を使うことをおすすめします（写真2－9）。その有用性は大きく、充填後に脱気できるため長期保存の加工品がつくれるわけです。これから農産加工をスター

写真2－9　真空包装機

知っておきたい加工情報❶

農産加工は容器から——パウチ、ラミネート

各種プラスチックを組み合わせて多層にした複合素材が、ラミネート樹脂です。これを袋状にしたのが、ラミネートパウチで（パウチとは小さい袋のこと）、農産加工には広く普及しています。合成樹脂（プラスチック）を使った包装資材のなかでも、ラミネート樹脂は、一定の加熱に耐えられる「耐熱性」、食品の形状に即して密着して包み込む「圧着性」、空気を追い出して遮断できる「密封性」といった特性をもった素材です。

ラミネート包装が盛んになったのはなぜでしょうか。それは、小さな取引ロット（販売の最小単位）での販売にも、応じてくれる商社や販売店が増えたことが大きいようです。かつては、1万枚くらいからでないと取引できない時代もありました。使う側にとっては、かなりの数量であっても、保管に場所をさほどとらないため、まとまった単位での購入が可能で、単価を抑えることができるのも魅力です。小さな農産加工の現場に合った利用しやすい資材といえます。

トする方にも、私はまず真空包装機の導入をおすすめすることが多いです。私が農産加工の世界に飛び込んだ2003年ころに比べると、機械の種類も増え、一部では手ごろな価格で供給される機械もみられるようになってきました。

真空包装機以外にラミネート袋で使える機械には、空気をある程度までノズルで吸い取る仕組みを使った脱気シーラーがあります。米穀や豆、乾燥野菜などの乾物を袋詰めして封をする場合などに使われます。乾燥しているものであれば、保存期間は比較的長めに設定できますが、完全な脱気が行なえるものではないので、加工品や用途によっては使い分ける必要があります。たとえば、梅干やラッキョウなどの酸味のきいた漬物などは、内容物本体が傷む可能性が低いので脱気シーラーでもよいでしょう。また、使う日取りが明確で、そのままお客に販売するのではなく、後に加工所で使うために一次加工して一時的に保管する場合で、汁漏れせずに施封できる点はやはり脱気シーラーが便利です（写真2－10）。

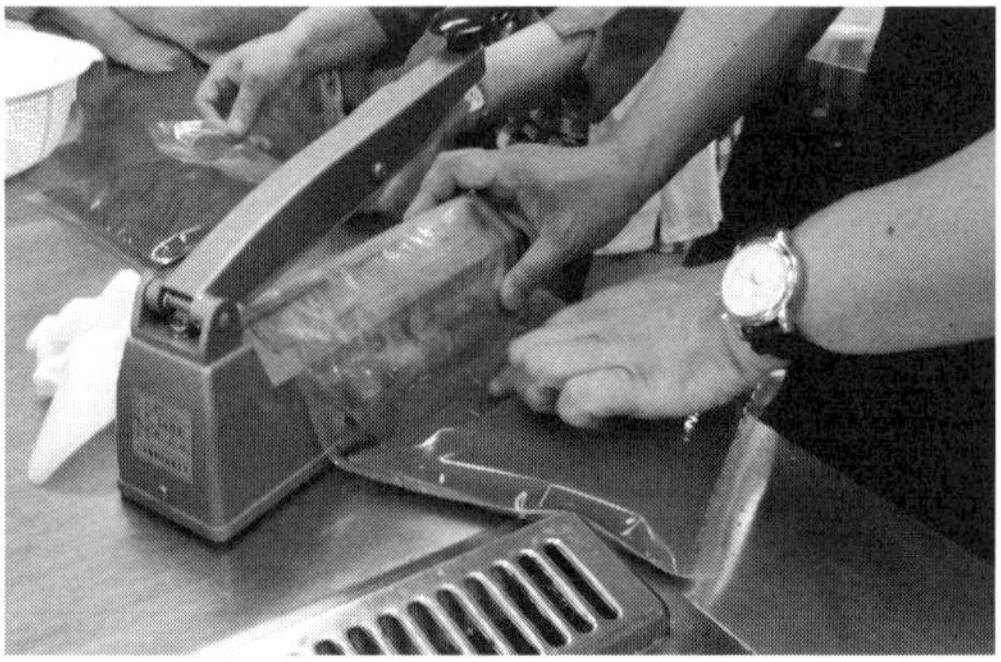

写真2－10　脱気シーラー

完全な脱気が行なえない脱気シーラーを使用した内容物は長期保存に向かない場合があります。水分量が比較的多く、pH調整もなされていない惣菜加工品や野菜ピューレ、果物ペーストなどです。封をしても空気が残りやすく、封をした後に加熱殺菌を行なっても袋の中に空気が残るため熱が十分に行き渡らず、殺菌効果が上がりません。

真空包装機でも脱気シーラーでも共通して言えますが、内容物の水分量（調味液など）が多い場合は、包装後に加熱殺菌すると、その加工品を袋の中の水分によって再び「煮る」ことになります。製法を考える時には、この最終加熱殺菌の工程が加わることを踏まえて、包装前までの味付けや水分の切り方、加熱時間などを工夫する必要が出てきます。

【デザイン、資源循環と容器】

ヨーロッパで見たジャムビンは、ふたを開けるといわゆるビンの「肩張り」がなく、ビンがストレートで底までスプーンを突っ込んで中身をすくう

知っておきたい加工情報❷　ラミネート容器への充填方法

ラミネート容器に詰める作業のポイントをおさらいしてみます。

●充填前のラミネート容器自体の殺菌は不要。そのまま充填できます

袋自体は、出荷前に清浄な状態でつくられているので、外包装が外れていない状態ならば、そのまま使えます。

●真空包装機での脱気密封する場合は、基本的に「内容物は冷まして詰める」

真空包装機で包装する場合は、多くの場合、内容物は10℃以下に冷ましてから充填します。包装後にボイル殺菌を行なう場合でも、やはり一度冷ましてから充填します。冷まして入れる理由は、高温のものを充填して真空包装機にかけると、熱気を帯びた水蒸気がポンプ内に深く入り込み、故障の原因になるためです。一方、高温のものをそのまま脱気できるホットパック機能をもつ包装機も出ています。

●脱気密封したら速やかに加熱殺菌を

内容物を詰めて真空包装機で脱気密封した後は、袋ごとボイルして殺菌処理します。容器に詰めたらすぐにボイルできるよう、あらかじめお湯を沸かしておきます。袋の性能や内容物の性質にもよりますが、漬物は75～80℃で15分程度、惣菜などは85～90℃で30～60分くらいの温度・時間をかけます。

ボイルでの加熱殺菌を行なう場合は、十分に熱を浸透させるため、たっぷりの湯の中で、くっつきすぎないようにスペースに余裕をもたせて、パックした容器をお湯に浸けます。

ボイルを行なわなかったり、十分な温度と時間でボイルができなかったりすると、後になって中のものが発酵・腐敗することがあります。

●ふた付きラミネート容器はビン詰めと同様の「熱々での充填」

真空包装機を使用する場合は「内容物は冷ます」が基本ですが、「ふた付きラミネート袋」の場合は、基本的にはビンと同様に熱いものを充填することが必要です。熱湯に浸ければ殺菌できると考えて、レトルトカレーを温める要領で、「ふた付きラミネート袋」に、冷めた内容物を詰めてふたを閉めてから、熱湯に浸けてみようと思う人が結構いますが、これは失敗することが多い。なぜなら、ビンと違ってラミネート樹脂は、熱で伸縮しますので、充填後の加熱殺菌で内容物の体積が急激に増加して、最後には袋がはぜてしまい、ボロボロになるからです。

内容物を加温しながら充填するか、一度につくる量を加減します。

洗米機を改良した充填機

ことが可能なものでした。日本製ジャムビンの多くは肩張りがあって、スプーンでもジャムが出しにくいとよくいわれます。このためストレートな容器がないものかと、ビンを取り扱う商社に相談すると、ほぼ望んでいるようなビンのサンプルをくれました。ビンの場合、ユーザーが要望を上げても、昨今はなかなか実現することが少ないため、この新たなタイプのビンを見て珍しく思いました。同じような要望が複数寄せられたので、ビンのメーカーが動いてくれたのかもしれません。

容器包装の利用率（シェア）では、日本国内では長年ずっとさがってきており、ビンメーカーはこれまで以上に生産の効率化を必要としています。このためビンの形状を簡単に変えたり、新たなデザインを取り入れたりするのはよほどの需要をメーカーが見出さない限りは難しいと思われます。

しかし、最近は環境への負荷が少ないことから、再生利用が可能なガラスビンを評価する動きもみられるようになりました。都市部で開催されるマルシェやオーガニックフェアなどでは、お客様の方からガラスビン入りを指定して購入されるケースも増えてきました。開封して使いきったら捨てるしかないプラスチック製のものは、自分のライフスタイルと合わないから買わないという意思の表れでしょうか。重たい上に落としたら割れるのがガラスビンですが、そうした資源循環、リターナブルの見地からみて容器包装のトレンドが少し変わり始めているのだと思います。

また、容器包装のシェアを拡大してきた「紙器」（紙パックなど）にも動きがあります。商品市場で、包装資材としての紙器が登場する場面が多いことは想像する以上です。コンビニのドリンク類も紙の包装が多いですし、ヨーグルト製品、ヨーグルト系ドリンク、コーヒーショップの容器なども紙が主体です。しかし日本は紙の素材となる資源をもっていません。紙の原料のパルプは輸入に頼っています。日本の場合、紙になる原料を輸入しているわけで、素材づくりの入り口のところで輸入に頼っているという問題があります。国産の紙の原料として竹を素材にした紙などがつくられていますが、繊維がたいへん多く、課題解決まではもう少し時間がかかりそうです。

保存性を高める三つのポイント
――水分・酸素・pH調整

製品の「安全・安心」は高い保存性から
【食品の安全・安心とは】

素材の新たな活用や味による食品の評価はさまざまですが、一般に販売されることが前提の食品には、「安全・安心」がまず求められます（図2―2）。「安全」とは、専門家による試験分析や調査データなどをベースにした科学的証拠に沿って確保されるもので、その科学的証拠の評価結果に基づいて健康面への危害や影響といったリスクが除去されている、あるいは許容範囲に収まっている状態を指します。「安心」とは、消費者など製品を受け取る側の気持ちの問題であり、食品への懸念や不安が除去されている状態を指します。

農産加工に取り組む場合に、この「安全・安心」を達成するためには、重点的に衛生管理を行なうとともに、製品品質の向上を絶えず図っていく姿勢が欠かせません。

【食品変質の要因】

食品の変質にはいくつかの要因が考えられます。水を吸いすぎてからの軟化作用、反対に水分蒸発が過多となった乾燥作用、光による色の劣化、熱による色や風味の劣化、微量容器内に残った空気による容器内の酸化、などです。

しかし何といっても、農産加工で気をつけなければならないのが、微生物による腐敗や発酵、食中毒菌による汚染です。食品の安全・安心というなかには、添加物やアレルギー物質の有無などある程度は予防が可能な部分もありますが、やはり微生物や食中毒菌の生存と繁殖は大きな脅威になります。

【食品を微生物から守る】

加工食品を微生物の繁殖から守るための防御が必要になります。つまり生物を繁殖させる条件を可能な限り減らすことが大事です。微生物が繁殖するためには、まず水と酸素が欠かせません。これに栄養素や温度が加わると菌繁殖の条件がさらに揃うことになります。しかし、まず微生物も生物ですから、根本的な防御となると

①水を可能な限り追い出す
②酸素を可能な限り追い出す
③加熱によって殺菌や滅菌を行なう
④酸やアルカリの性質を生かす

これら4つを基本に置くことが重要です。これらを組み合わせて実施することで微生物の繁殖を抑えて製品の安全・安心の実現に近づけることが大事です。

《評価のポイント》

- 品質
  - 基本的特性
    - 栄養特性
      - タンパク質(酵素)、脂質、炭水化物、繊維、ペクチン、その他の高分子成分 …… 栄養価、健康志向
      - アミノ酸、糖類、有機酸、脂肪酸、水(水分)、その他の低分子成分
      - ビタミン、ミネラル、その他の微量成分
    - 安全性 — 残留農薬、天然毒素、重金属類、有害微生物、微生物毒素、その他 …… 必須の前提条件
  - 機能的特性
    - 嗜好特性(美味しさ)
      - 色 — 天然色素、カロチノイド、クロロフィル、アントシアン、ミオグロビン等　天然着色料、合成着色料　光学特性、色彩、明度(白度)、彩度、つや、くすみ等 …… 品質指標、購買意欲
      - 形状 — 外観形状、大きさ、形、厚さ、均一性、均質性、平滑性、損傷、病虫害、傷害等　内部形態、生理障害、空洞、ス入り、芯腐れ、発酵等 …… 品質指標
      - 味 — 呈味成分、糖、有機酸、アミノ酸、脂肪酸、核酸、塩等　味覚、甘味、辛味、塩味、酸味、苦味、旨味、清涼味、渋味、異味、こく等 …… 鮮度、熟度、美味しさ、本物の味
      - 香り — 香気成分、アルコール類、エステル類、アルデヒド類、酸類、テルペン類等　臭覚、果実臭、フローラル臭、動物臭、不快臭、異臭、乾燥臭等 …… 嗜好性、本物の味
      - 力学特性 — (物性に影響するもの)細胞構造、繊維質、タンパク質、澱粉(アミロース含量)　貫入強度、破砕力、せん断力、摩擦力、粘弾性、付着性、柔軟性等　歯ごたえ、歯ざわり、舌ざわり、滑らかさ、のどごし、硬さ、軟らかさ、粘り等　音響特性〔周波数、減衰率〕、破壊音、咀しゃく音、電気伝導度 …… 嗜好性　本物の味

      《美味しさに対する外部要因:温度、湿度、光線、雰囲気、体調、心理状態等》
    - 生体調節機能 — 生理活性物質、ホルモン、機能性ペプチド、機能性脂質等　抗変異原性、抗腫瘍性、抗酸化性、血圧調節、免疫賦活、抗肥満性等 …… 機能性　健康志向

《二次特性》

- 流通特性 — 《変化速度》—(水分、成分)(外観、組織)(微生物、呼吸) …… 貯蔵性　輸送性
- 付加特性 — 《価値観》—(簡便性)(楽しみ、文化性、習慣性)(合理性、経済性)

図2－2　食品の品質要素、評価のポイントと外部要因

(石谷孝佑ほか編『食品包装用語辞典』サイエンスフォーラム)

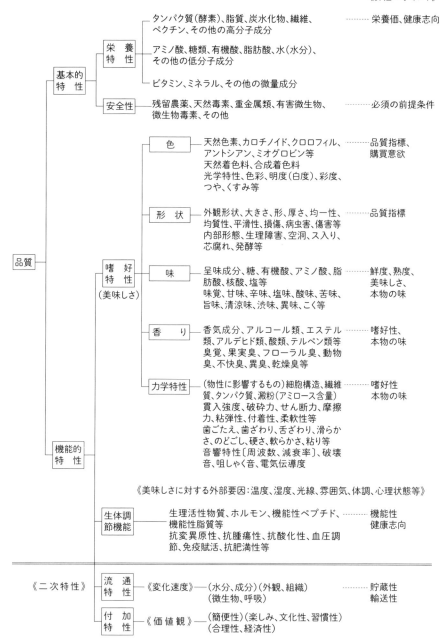

水を可能な限り追い出す

【水分活性とは】

加工品から水を可能な限り追い出すとはどういうことでしょうか。この場合の水とは専門用語で「水分活性」（Water Activity、Awと略記）と呼ばれています。これは、物がもっている水分蒸発量の割合を指しています。水分の割合ではなく、水分の蒸発量の割合を示します。人の体は70％以上が水分といわれていますが、こうした細胞に組み込まれた水分（結合水といわれます）ではなく、加熱などの外界からの働きかけによって容易に蒸発するなど動き出しやすい水分を対象にしています。動き出す水分、遊離水分とか自由水ともいわれているものです。細胞の中に取り込まれているものは結合水で、これはたとえば干物にしても蒸発しない水分といえます。

【水分活性値0・94を超える食品の留意点】

水分活性の測定は、これまで普通の加工所などでは簡単にできるものではなく専用の水分計測機械を使って計測していますが、最近は小型の持ち運びできる機械も登場しています。価格は50万円くらいします。

厚生労働省や自治体では、「容器包装詰低酸性食品」として「水分活性値が0・94を上回るもので、pH4・6を超え、120℃、4分に満たない条件で殺菌を行なったもの」については、ボツリヌス食中毒対策として①「中心部の温度を120℃、4分間加熱する方法またはこれと同等以上の効力を有する方法での殺菌」（つまりレトルト殺菌）、②「冷蔵庫（10℃以下）での保存」のいずれかを求める動きになっています。

ラミネートパック詰めして加熱殺菌を行なう惣菜食品の多くは、こうした線引きにかかわってくる可能性がありますので、従来は常温で販売できていたものも保存形態などが変わってくることに留意しましょう。

【加工品とは可能な限り水分を抜いたもの】

加工の現場で完成品の水分活性値を計測することは容易ではありません。このため、まず加工品の製造中に、加熱して水を蒸発させたり、漬物などの場合は塩と重石を使った下漬けで十分に水分を抜いたり、ジャムなら砂糖を使い糖度を上げて、水分を果物組織から追い出して蒸発させたりする、佃煮などは、砂糖や醤油で素材の水分を抜いてから砂糖と醤油を浸透させるといった「水分を抜く工程」が必要になります。

こうして水分を追い出したところに、漬け原材料（調味液）や出汁などを浸透させたものが漬物や惣菜になります。甘納豆などは水分でもどした豆から再び水分を抜きながら砂糖を浸透させた食品になります。加工品ではこうした水分を抜いて、代わりに調味液や保存性を高める材料を浸透させる作用があちこちでみられます。温度管理のもとで比較的長期の保存がきいて品質の変化をさせない加工品をつくる場合は、水分を抜き、全体の水分活性を抑えるということが共通した要素といえます。

　こうして見てみると、いろいろな手段を使って素材の水分を追い出し保存性を高めていることがわかります。

　もちろん料理の場合はもっと幅広く、たとえばなますや白和えのように素材の水分を残しながら瑞々しさを楽しむものがあります。素材に残った水分が食材のジューシーさをひきたてている「調理」に対して、素材の水分を追い出しながら食感と味わいの変化をもた

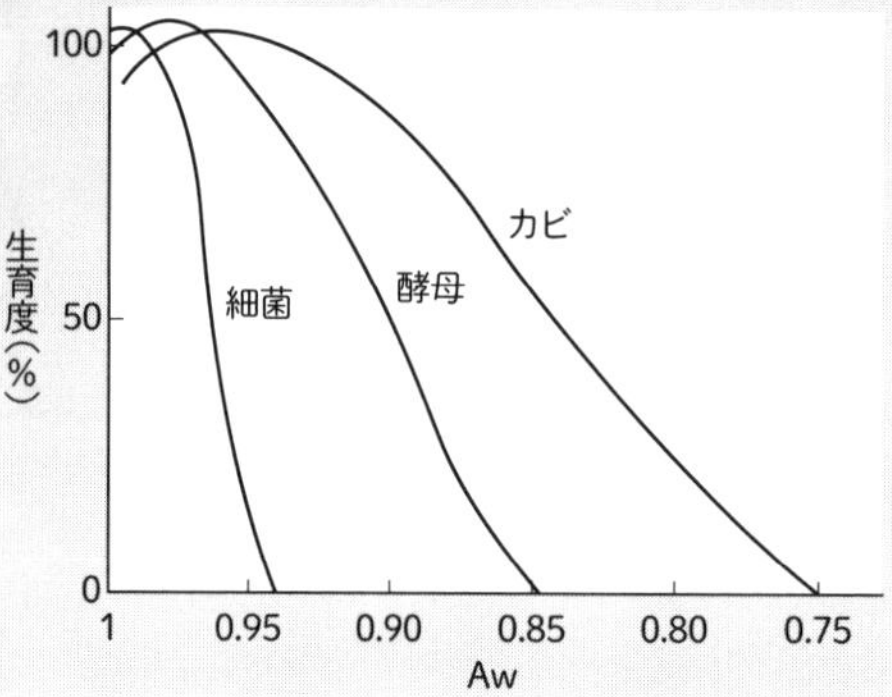

図２　微生物の生育と水分活性

	包装材料の機能性
保冷、蓄冷材	断熱性
包装、水分調整材	保湿性、吸水性
包装、吸着分解剤	ガス透過性、機能性
レトルト、無菌包装（HTST、UHT）	耐熱性、強度、無菌性
ろ過除菌、クリーン包装	無菌性、ガス遮断性
低温殺菌、ボイル、紫外線、赤外線 マイクロ波、超高圧、通電加熱	耐熱性、強度
冷凍、冷蔵、チルド、衛生管理	低温耐性、断熱性
二酸化炭素置換、脱酸素剤	ガス遮断性
天然・合成添加物、部分乾燥	水蒸気透過性
有機酸	
合成保存料、天然物、抗菌剤	抗菌性
	ガス遮断性、遮光性
酸化防止剤、安定剤、シナジスト	
	緩衝性、強度
	香気遮断性、非収着性、無臭性
乾燥剤	水蒸気透過性（防湿性）、吸湿性

（石谷孝佑ほか編『食品包装用語辞典』サイエンスフォーラム）

知っておきたい加工情報❸　水分活性のこと

水分活性で対象となる水は、遊離水分、自由水などと呼ばれます。水分活性の変化が、加工食品の品質へどのような影響を与えるか、微生物の増殖とどうかかわるのかなどの点から研究された成果を図表で示します。

食品の品質保持から、水分活性値と品質の変化要因、品質保持技術、包装材の機能性を一覧できるようにしたものが図1です。また表には、微生物の増殖に必要な最低水分活性値を示しました。生育度を水分活性値との関係で示したのが図2です。

微生物の増殖に必要な最低水分活性

微生物	増殖に必要な最低水分活性
普通細菌	0.90
普通酵母	0.88
普通カビ	0.80
好塩細菌	≦ 0.75
耐乾燥カビ	0.65
耐浸透圧性酵母	0.61

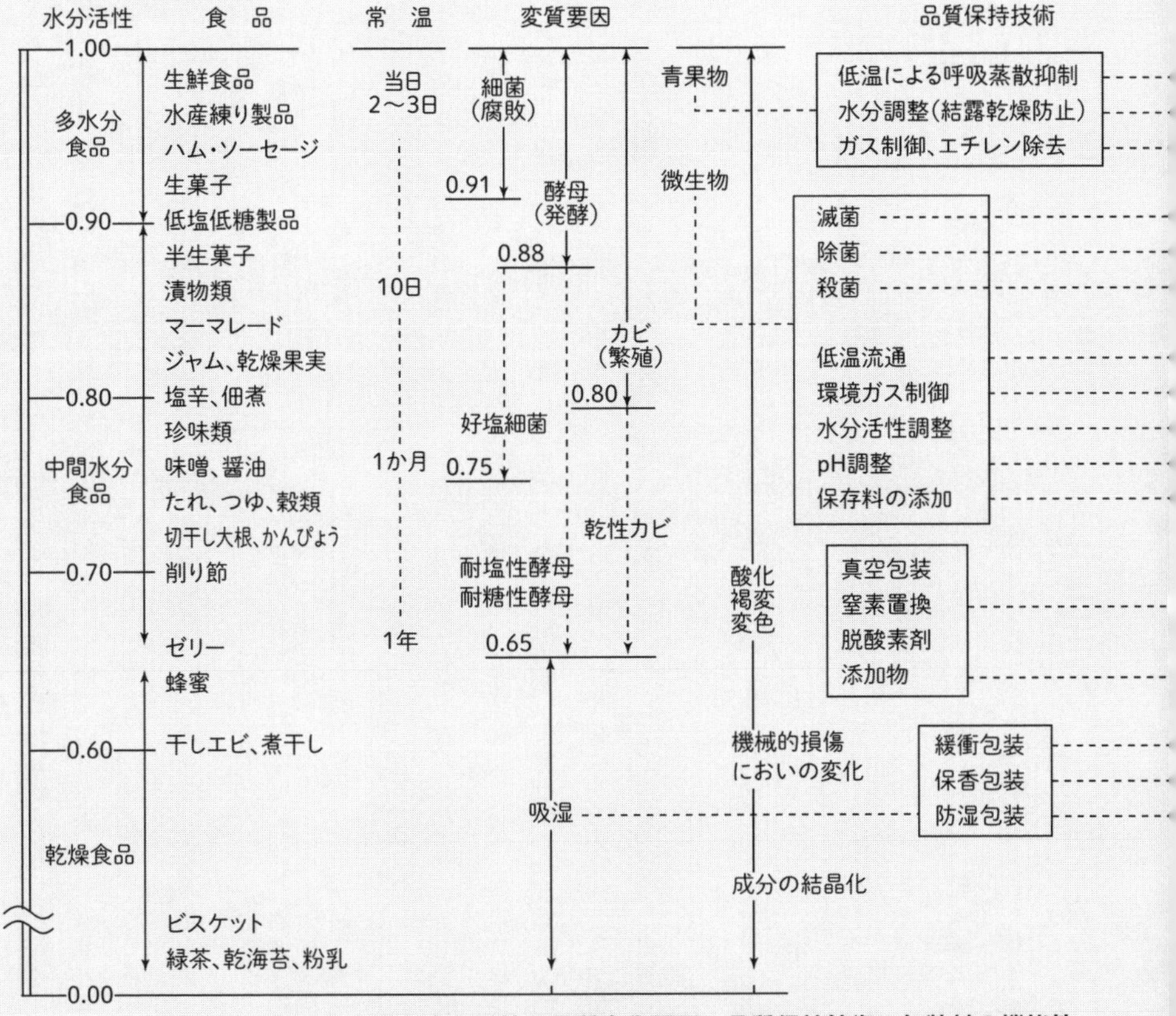

図1　食品の水分活性と品質変化要因、品質保持技術、包装材の機能性

らしてバランスをとったものが加工という見方もできます。

漬物で下漬けが不十分だと調味液を加えて真空包装して加熱殺菌を施した場合、野菜に水分が多く残っていた上に調味液が加わるので水分過多となって出来上がりの食感が煮えたように柔らかくなることがあります。水分を十分に抜いていれば沢庵漬けなどの場合、真空包装後に加熱殺菌を行なっても柔らかくなることはありません。

酸素（空気）を可能な限り追い出す

農産加工品の保存性を高める二つ目のポイントは空気（酸素）を追い出すことです。方法としては脱気包装（真空包装を含む）、空気を追い出してガスに置き換えるガス置換包装の他、脱酸素剤を封入するなどの方法があります（表2－3）。

【真空包装と真空度】

「真空包装機にかけて脱気した製品を殺菌処理したが、後になって傷みが出てしまう」という相談を受けたので、まず現場で作業を再現してもらうことにしました。真空包装機の中が減圧状態になってくると、袋が膨れてきて調味液が沸騰したようになり、激しく泡を吹いてきます。作業者はこの状態に驚いたように真空ポンプの吸引動作を止めて、すぐにシールで封をしていました。結局、脱気が十分ではない、つまり「真空が甘い」といえる感じでした。

真空包装機は真空度（％で調整したり、ポンプ作動時間で調整したり機種によって異なる）を調整できるようになっています。ほとんどの真空包装機が、真空度99％以上の状態にはできると思います。ラミネートパックの中身を脱気して真空にするのは、空気を抜いて微生物が増殖できない環境をつくりだすということです。この加工所の場合は、機械の取り扱い方を十分に理解していないことによる設定ミスでした。改善方針を伝え、その後は同種の問題は発生していません。

【真空度と味とオーバーフロー——真空包装機の留意点】

真空包装機は、基本的に空気を残さずに99％以上の真空度が実現できることが望ましいのですが、一部には嫌気性の耐熱性芽胞菌の場合は、真空状態下の方が活性化しやすいため、素材によっては1～2％真空度を下げた方がいいという意見もあります。1％空気を残すことは、外目にもわかるくらいの差が生じ、98％では気泡が残るのがわかるほどです。

また加工品を液体と一緒に入れる、たとえば漬物などの場合は、多少調味液が入っていた方がおいしいようです。

表２－３　酸素などのガス遮断技法

包装技法	方式	具体的な方法	容器包装	おもな用途
脱気包装	ヘッドスペース減少	内容物充填後バイブレーターをかけ、内容物を沈下させ、袋上部の酸素を少なくしつつ封緘し脱気する方法	プラ袋など	粉、レトルト食品
	ホット充填脱気方式	ホット充填による内容物からの熱気状態で封緘し、常温で凝縮して脱気状態にする方法	缶、びんなど	果汁飲料
真空包装	チャンバー方式	真空包装機により真空減圧してから密封する方法	プラ袋など	一般的で肉、お茶など
	蒸気吹き付け方式	生蒸気をヘッドスペースに吹き付けて酸素を追い出し、蒸気充満状態で封緘し、常温では凝縮して真空状態にする方法	缶	魚などの缶詰
	ノズル方式	大袋にノズルを入れて真空減圧してから密封する方法	プラ袋など	茶の大袋
不活性ガス置換	チャンバー方式	真空包装機により完全に真空脱気してから不活性ガス（窒素、二酸化炭素など）を注入し密封して酸素を遮断する方法	プラ袋など	一般的で油脂入り菓子など
	ガスフラッシュ方式	包装機械上で酸素を追い出しながら、不活性ガス（窒素、二酸化炭素など）を吹き付けて酸素を遮断する方法で、操作により若干酸素が残る	プラ袋など	削り節、ナッツ類、ココア
		不活性ガス（窒素）を吹き付けて酸素を追い出しつつ封緘する方法	缶、びんなど	飲料、缶詰
	ノズル方式	大袋にノズルを入れて減圧し、その後不活性ガス（窒素など）を吹き付けて酸素と置換する方法	プラ袋など	茶、香辛料の大袋
脱酸素剤封入	プラスチック袋など	還元鉄を用いて酸素を吸収する薬剤を封入して、内容物の内添酸素まで吸収する方法	プラ袋など	菓子類、味噌
鮮度保持剤封入	プラスチック袋など	アスコルビン酸を主体とした薬剤で、酸素を吸収し、二酸化炭素を発生させる薬剤の鮮度保持剤を用いた方法	プラ袋など	カステラなど壊れやすいもの

出典：水口眞一『食品包装入門』日本食糧新聞社

しかもラッキョウ漬けや梅漬け、ニンニクの醤油漬けなどでは、型崩れもしにくくなります。この場合も、脱気により減圧になるなかで調味液が袋から噴き出さないように、真空度を98％くらいに下げて脱気している加工所もあります。

真空包装機で脱気を行なう際には、たとえば漬物と調味液のように内容物と一緒に入れる液体量のバランス、内容物の量と袋の容量のバランス、袋の容量は同じでも形状が違うなど、一つ一つに微妙な調整が必要になります。

たとえば、漬物の量に対して調味液が多すぎると真空パック内で調味液が「噴く」（オーバーフローする）状態になります。この場合、脱気により減圧になるなかで調味液が袋から噴き出さないように、真空度を99％よりも下げる加工所もあります。また、同じ容量の袋でも細長く奥行きが長い袋の方が噴きにくいように思います。

真空包装機は、本体とカバーとの間で生まれる真空になった空間（チャンバーともいいます）をラミネート袋の中の空気と置き換える仕組みです。このため、減圧中は加工品の中の空気をぶくぶくと噴かせて調味液を沸騰したように沸かす性質があります（写真2−11）。この調味液を噴くままにしておくと、シールで袋を閉じる前に、袋の入り口を通って噴出してしまうことがあります。真空包装機を使う人は誰でも一度は経験しますが、噴いた後の掃除はなかなか大変です。袋から噴出した調味液はすべてチャンバー内に細かい水分となって付着しますので、ていねいな洗浄が必要ですし、袋は糖分や油分が付着すると袋を閉じる時の圧着ができなくなります。粘度のある調味液や汁気が多い時はとくに要注意です。真空包装機で何度か噴出させるなど失敗と調整を繰り返すなかで、徐々に勘どころをつかむのが大方ではないかと思います。

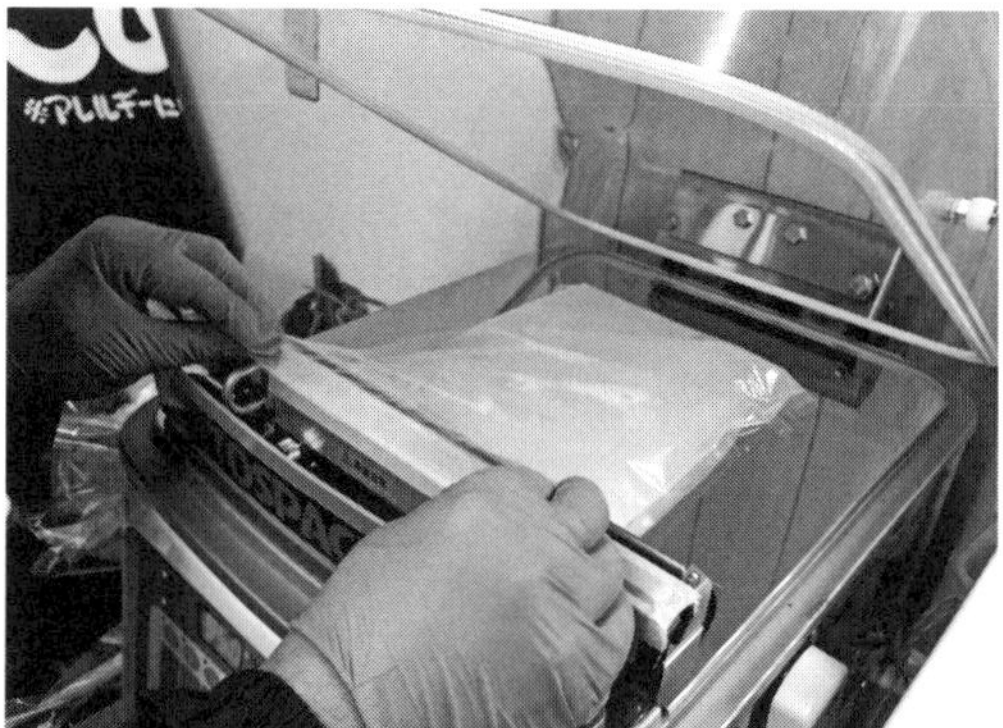

写真２－11　オーバーフローする真空パック

このように真空包装機の作業は、ボタンを押せば適切なラミネートパックが完全に自動でできるわけではありません。内容物の性質、袋の形状、袋のサイズ、容量、間口と奥行きなどを計算した上で適切な判断と調整が必要になります。

【空気があれば容器の中はサウナ風呂状態？】

脱気密封されたものでも、ラミネートパック内にたくさん空気が残るような場合は、包装後の加熱で必要な殺菌はできるものでしょうか。答えは否です。加熱の効果が全くないわけではありませんが、不十分な殺菌になります。その理由を、サウナ風呂を例に説明してみましょう。サウナ風呂の中の温度計を見ると85～90℃という意外に高い温度に驚きます。しかしサウナ風呂の中の空気で火傷をおったという話はほとんど聞きません。一方で85～90℃のお湯に手を入れると、間違いなく火傷します。この差は何でしょうか。液体と気体とでは熱伝導の密度が全く異なり、とくに液体は熱伝導性が高く、反対に気体は熱伝導性が低い。このため、脱気密封したラミネートパックの中にたくさん空気が残っていると、仮に90℃の湯でボイル殺菌していても、空気が残った部分はサウナ風呂の状態なので、加熱の効果は低くなるわけです。調味液の噴き出しを予防するために真空度（％）を下げる場合もありますが、その場合も袋の中で空気が残り、後のボイル殺菌でも殺菌効果が落ちることを頭に置く必要があります。

【ガス置換包装】

ラミネートパックを行なう際に袋の中の空気を脱気して、そこに窒素ガスや炭酸ガスなどの不活性ガスを充填して密封する方法があります。壊れやすい焼き菓子や乾燥野菜、油脂の酸化を防ぎたい油揚げ菓子など、内容物を包み込むガスごと袋に詰めた方が商品の取り扱いが便利な製品の容器包装に適しています。真空包装機の機械の中でもガス充填機能をもつもので製造します。この場合は後で加熱殺菌を行なうことはできませんので、内容物も水分活性が低いものに限られます。

【鮮度保持剤の封入】

鮮度保持剤は、製品を密封する袋の中に内容物と共に入れておくものです。主に乾燥剤、脱酸素剤、アルコール揮発剤が使われます。それぞれ有効な使い方や使用に適した環境があります。どれを選ぶにせよ、水分活性値（Aw）が重要な要素になります。まずは、袋の容量と内容物の性質などを鮮度保持剤のメーカーに伝えて、どういうものを選ぶのがよいかアドバイスを受けることをおすすめします。

①乾燥剤

「乾燥剤」は、乾燥した食品を乾燥したまま保持する効果をもっています。材質はシリカゲルが多くみられます。乾燥した状態の加工品が、開封前、開封後に、袋の中や大気中の湿気を吸収しないように、食品に代わって水分を吸着します。乾燥野菜の他、クッキー、せんべい、あられやおかき、かりんとうなどのパリッとした食感をいつまでも保ちたい場合には効果的です。なお、乾燥剤を入れる場合は真空包装機にはかけません。

②脱酸素剤

「脱酸素剤」は、密封された限定空間の中で酸素を吸収し、理論的に空間の中の空気を窒素だけにしてしまうというものです。酸素を抜くことはカビや雑菌の活動を低下させ繁殖を抑制しますので、お菓子などカビを生やしたくない製品では、乾燥剤よりも脱酸素剤が選ばれることが多いと思います。用途の幅は広くパウンドケーキの1ピースカットや饅頭の個包装、ハムやチキンナゲットなどの惣菜、酸化を防ぐ目的で青果にも使われます。

脱酸素剤を使用する際の注意点は、製品の袋の中に、ある程度の空気を残さないと脱酸素剤の効果はないということです。時々ですが、「脱酸素剤を入れていたのにモチにカビが生えた」という相談を受けます。その製品を見てみると、モチを入れたラミネートパックがピッチリと脱気・密封されています。真空包装機をかけすぎると、脱酸素剤がモチに張り付くような感じになる上に、袋の中の空気の行き来ができません。この環境下では、脱酸素剤の効果が袋の中で全体に及ばず、僅かに残った空気（酸素）により、モチに元々付着していた落下菌などがかえって活性を増すおそれもあります。

③アルコール揮発剤

「アルコール揮発剤」は、密封された袋の中にエタノールを満たすことで、カビや雑菌の繁殖を抑制する働きがあります。アルコールは、液体では、直接噴霧することで高い殺菌効果がありますが、気体の状態でも抑制する効果があります。パウンドケーキの1ピースカットやマドレーヌ、バームクーヘン、マフィンなどの焼き菓子に使われます。傷みやすい饅頭などで、中身の餡にまでアルコールの効果を及ぼしたい場合は、餡に直接「酒精」（工業用アルコール）を添加することもあります。ただ、アルコール臭がより強く出がちです。

これら鮮度保持剤の効果は、ラミネートパックを真空包装後に加熱によって殺菌・滅菌するのに比べると、菌の繁殖を「抑制する」程度のものであるという点は踏まえておきたいものです。このため、一定の環境下では効果があるものの、例外的なケースでは製品にカビが生えるといったことも起きます。たとえば、セミドライ果物のチップを生地に練り込んで焼き上げたクッキーなどの場合です。クッキーな

表２－４　真空包装後に必要な殺菌温度と時間の目安

	殺菌温度	殺菌時間
●漬物（加熱を行なわない浅漬けは該当しない）		
「酢や塩分をきかせたもの」で「粗漬けをしっかり行なったもの」	80℃	15 分
「糖分が多く、酸味がきいているもの」で「粗漬けをしっかり」	85℃	15 分
「味噌漬けや粕漬け」で「粗漬けがしっかり」	85℃	15 分
●惣菜品（基本的に製品の保存は 10℃以下で行なう）		
「肉類が入っているもの」で「加熱調理を施したもの」	95℃	30 分
「調味液に酢を若干配合しているもの」で「加熱調理を施したもの」	90℃	30 分
「肉類は入っていないもの」で「加熱処理を施したもの」	85℃	30 分
「ゴボウやレンコンなど土ものを使用」	95℃	60 分
●ジャム、ソース	90℃	30 分
●シロップ煮	90℃	30 分

上記に挙げた滅菌処理時間はいずれも「1パック150ｇ前後の商品のケース」。

「○○分」というボイル時間は、沸いたお湯にボイルする品物を入れると温度が下がるので、もう一度上がって所定の温度に達してから○○分、と捉える

ので、乾燥剤あるいは脱酸素剤を使うとよさそうですが、実際には乾燥剤を入れてカビが生えたケースがあります。脱酸素剤を入れても同様でした。これは生地に練り込んだチップ状のドライフルーツに、微量ながら水分が残っていたため、ここに菌が繁殖したのが原因でした。こうしたことを踏まえると「クッキーは水分活性が低そうなので鮮度保持剤で大丈夫」と過信せず、副素材の水分量にも目を配っておくことが大事だとわかります。

加熱によって滅菌や殺菌を行なう

包装して完成した製品自体は、脱気密封で外部の空気を遮断したとしても、加工品に付着していた空気中の落下菌などの心配があります。そこで、容器包装後の加熱殺菌は安全性確保のための一つの目安になります。

【目安となる加熱殺菌の温度と時間（１００℃以下の低温殺菌の場合）】

真空包装機でラミネートパックを行なった後の加熱殺菌（１００℃以下の低温殺菌）で必要となる「殺菌温度と時間」を表にまとめてみました（表２－４）。自社も含めて、私がこれまで各地の加工現場を訪問した実例を踏まえてのものです。いずれも出来上がった製品の菌検査や保存試験などを踏まえた私の感覚的な数字です。実際にこれらを参考にする場合は、加工品の性質や材料の種類、原料の清浄度の差、素材や調味料の配合といった個別の条件により、必要な温度と時間を判断します。中心温度の計測もお奨めします。

【殺菌と滅菌の違い】

食品展示会などに行くと、出展ブースに立ち寄る研究者や行政マンが、まれに「この加工品にある殺菌というのは滅菌ではないのですね」と言っているのを聞くことがあります。レトルト殺菌充填のような「滅菌」処理はされていない、真空包装後ボイルでの「殺菌」処理の食品は、特定の菌以外は残っている可能性があるのではないのかと言いたいようです。「殺菌」とは、特定の菌を死滅させることを意味するのに対して、「滅菌」とは有害・無害を問わずすべての繁殖性をもつ菌を死滅させることを意味します。

つまり、彼らが言いたいのは、「120℃、4分」の加熱殺菌で、すべての細菌を死滅させる「滅菌」方式を取り入れるべきだということのようですが、もしこの通りにすべての加工品で高温の加圧殺菌方式を導入するならば、浅漬けや繊細な味わいや色合いをもつ漬物、あるいは食感と風味を楽しみたい惣菜品、フレッシュ感が売り物のストレート果汁ジュースなどは、商品の生命線である長所をも失ってしまいがちです。また、小さな加工所でレトルト殺菌方式を導入するには、設備の規模や投資額などの点で、負担が大きすぎるということもあります。

実際の現場では、特定の菌（この場合は腐敗や発酵を起こす雑菌や酵母、一部の食中毒菌）を排除する「殺菌」であっても「安全・安心」な加工品をつくって問題なく流通させている加工所は数多くあります。しかしながら「殺菌」と「滅菌」をめぐって、農産加工品のつくり手としてお客様などに尋ねられた時にはしっかりと答えられるようにしておくべきです。一番よくないのは「○○先生に85℃、30分のボイルで大丈夫だと言われたから」といった、自分での検証も判断も停止してしまっている対応です。自らつくる加工品に対する責任は、最終的には自分でとるわけですから、自らの加工で実施しているのが「殺菌」なのか「滅菌」であるのかの違いくらいは理解しておきたいものです。

100℃以下の殺菌というのは通常「低温殺菌」と呼ばれます。大気圧が1気圧の環境下で最大100℃までの温度で行なう殺菌方法です。私の加工所でつくるジャムの場合を例にとると、容器（ジャムビン）に充填する前に鍋の中で煮込んでいる段階の温度は100℃前後、ジャムビンへ充填する時には90～95℃前後、ジャムビンのふたを締めた時点での品温は85～90℃前後、そして殺菌槽での容器包装後の殺菌は85℃30分で作業を進めます。この製造条件でつくっているものからは、これまでカビが発生したことはありません。

知っておきたい加工情報❹　強い味方の「真空包装機」

土佐高知といえば、わら焼きの「鰹のたたき」が知られています。これを流通できる製品にするにも包装が大事。初期のころにどんな包装をしていたか、真空包装の原理を理解するのに面白い例なので紹介します。

出来上がった鰹のたたきを、まずラミネート容器に入れます。そして改造した掃除機のノズルを使って容器の中の空気を抜きます（脱気）。脱気の最後に、袋の口をパンチパーマに使うアイパーのコテなどで加熱して封をし、密封していたそうです。一見むちゃくちゃな包装方法のようにみえますが、空気（酸素）を追い出して密封するという、真空包装の原理に従っています。

2000 年くらいまでは、真空包装は、機械も大きく、投資金額も大きかったので小さな加工所で導入するのには難しさがありました。2004 年前後になると、小型の真空包装機が開発され、小さな加工所でも使えるものが流通するようになります。国産のみならず、海外メーカーも参入してさまざまな真空包装機がみられるようになりました。真空包装機は、内蔵ポンプのメンテナンスやマシンオイルの交換、シーラー部品の交換などのメンテナンスを適切に行なえば、長く稼働できるものです。メーカーの保守点検を定期的に受けることをおすすめします。

「季刊地域 31 号　農産加工特集」にもいくつか真空包装機を紹介しています。

TOSEI　V-392

ホシザキ PS300A

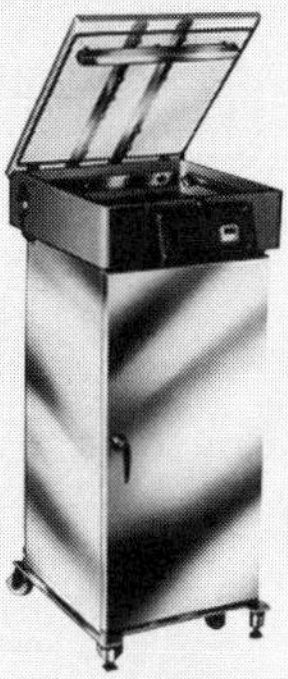
西原 TV336

TOSEI　V-955

トスクッカー TT351

しかし、加工指導などで訪問する加工所では、同じジャムでも、少し充填温度が低い条件で製造していることによるものか、事故品の発生率（事故品数／正品数）が０・５％程度と少し高めのケースもあります。カビの菌を呼び込む原因は、充填時にビンの縁にジャムが垂れたり、キャップを回して締める際の締め方の不十分さなどであり、作業中の人為的なミスによるものです。カビにとっては「栄養」も「空気」も残っており、増殖の余地を与えたことによるものと思われました。

同様にジュースでも、温度管理を行ないpH調整しても、酵母の繁殖が起きるケースはまれにみられます。このため、多くの加工所では、製品が完成してすぐに出荷するのではなく、少し経過をみて箱詰めするといった、製品の観察期間を設定して事故品と疑われるものはあらかじめ除外して（ハネて）出荷しないようにするなどの対策を講じています。

また製品の細菌検査を行なって、結果が陰性になった時でも、製法自体を点検することは欠かせません。菌検査自体は製品ができた後に開封して行ない、製品サンプルを培地にのせ、一定期間たった後の菌数を調べるものです。その食品の菌を完全になくすことではなく、この製法ならば安全だという許容範囲に菌の数がとどまっているかどうかをみるものです。菌がすべていないというのではなく、食品の安全・安心にとって許容範囲となる数以内であることが問われます。

一方、一部のレトルト殺菌釜（電気式）での加温機能や、蒸気式煮釜やビンの殺菌設備などに使われる加湿加圧のボイラー蒸気では温度は１３０℃に達します。

レトルト殺菌釜での殺菌でも菌検査を行ないますが、この場合は、有害・無害を問わず菌がいるかいないかが問われます。加圧状態での「１２０℃、４分」の殺菌条件というのは耐熱性芽胞菌をも死滅させるものですから。

私はこれまでレトルト殺菌を行なう加工所でも新商品開発のアドバイスなどを行なってきましたが、鯛めしの素、カキめしの素、鶏ゴボウめしの素などは常温での販売が可能になり全国流通への道が広がります。充填する内容物も１００℃以下の殺菌であるボイル殺菌とはレシピも手順も大きく違うものになり独特の製法となります。

酸やアルカリの性質を生かす

細菌などの微生物の生育環境には酸やアルカリが影響します。この酸性やアルカリ性を数値で示したものがpH値（水素イオン濃度、０～14を中心に値で表され、７・０が中性）です。農産加工では傷みにくい製品を製造するために、配合材料などを検討しますが、その際の重要な目安になります。

【pH４・０以下に下げておく】

　農産加工に限りませんが、「酸っぱいものが傷みにくい」ということは、長い人類の調理加工の歴史で経験的に知られていることです。酸には、菌の増殖を抑制する効果があります。このため、たとえば私の加工所のジュース製造では、製造工程中は素材原料をpH４・０以下に抑えて、充填前の果汁の殺菌は90℃以上で10分ということを守っています。これは、厚生労働省が定めた清涼飲料水の製造規格基準を参考にしました。製品の品質を安全に保つ基準を、国もpH値で具体的に示しています。

　しかしpHと微生物の関係をみると、「好中性生物」（pH５～９が最も増殖しやすいいわゆる至適増殖領域の生物。大半の高等生物はここに含まれる）、「好酸性生物」（pH５以下が至適増殖領域の生物。極端な酸性条件では多少の繁殖条件の厳しさがあっても、これに耐えられる生化学的資質をもつ好酸性菌など）、さらにはpH１以下でも至適増殖領域を示す生物もあり、多くの生物は酸で増殖を抑えられても、酸性なら絶対に大丈夫といえない部分がある点には留意したいと思います。また酸を加える場合でも酸の種類によって効き目に差異があるという文献もみられます。

　しかし実際の農産加工の現場では、pH調整はさまざまな場面で行なわれています。たとえば、春先のタケノコを煮た後にクエン酸や酢酸を煮水に加えてpH調整を行ない、素材に浸透させる方法などは、きれいに簡単に長期保存する手立てとして、各地で行なわれています。ドレッシング製品の場合、マイルドな酸味に仕上げたいために、醸造酢をpH計で最低限度の量に配合するといったこともあります。また、一次加工品のトマトピューレやニンジンピューレなどでも、クエン酸やこれを含むレモン果汁を加えることで、pHを下げておくことも行なわれます。いずれも菌増殖を抑えていくためには、pH４・０以下に下げておくことが一つの目安となっています。

　一方で酸性とは反対のアルカリ性で保存性を高める代表的なものには、灰汁（アク汁）を使うコンニャク、南九州にみられる粽《ちまき》「灰《あ》汁《く》巻《ま》き」などが挙げられます。いずれもpH10～11前後で商品の長期保存が可能になっています。

【酸と加熱や糖の併用によって保存性向上を確実にする】

　酸は微生物の増殖を抑制するという面で日持ち向上には貢献しますが、それだけでは菌が残る可能性があります。

そこで、加熱による殺菌や滅菌の効果と組み合わせることで、初めて商品の保存性を伸ばす効果が生まれます。

基本的に100℃以下の低温殺菌の製品で長期保存を目標にするならば、「酸によるpH調整×加熱殺菌」が確実な方策といえます。もしくは糖度や塩分濃度を高めることでも菌の増殖抑制効果がありますので、「酸×糖度」（一部のジャムやソース、タレなど）、「酸×塩分」（主に漬物が挙げられます）も有効です。もちろんこの場合も加熱の効果は大きく、「酸×糖度×加熱」や「酸×塩分×加熱」となるのが理想的です。

たとえばジャム製品の場合、近年の消費者の健康志向で甘さ控えめが重視されます。こうした場合でもジャムの糖度は保存性のことを考えると45くらいまでは高めておきたいところです。ただ、甘さが強くなるのでここに酸を入れると、甘さを抑えてさっぱりとした食味になり、むしろ好ましくなります。おまけに酸が保存性にも貢献するのですから、つくり手食べ手ともに好都合です。ジャムの製造では、クエン酸を多く含む柑橘の果汁を加工品に使うケースが西日本一帯でみられます。基本的に柑橘の果汁自体が傷みを招く可能性は低いものです。温度管理が不十分な環境で搾られた果汁や、洗浄や殺菌が不十分なまま保存された容器に充填された果汁の場合は、果汁自体が変質して、これを使った加工品の味わいや保存性にも影響することがあります。加工品の製造に使用する柑橘類の果汁は、基本的には、搾汁してラミネート袋に脱気包装して加熱殺菌し、冷凍で保存しておくのが望ましいものです。

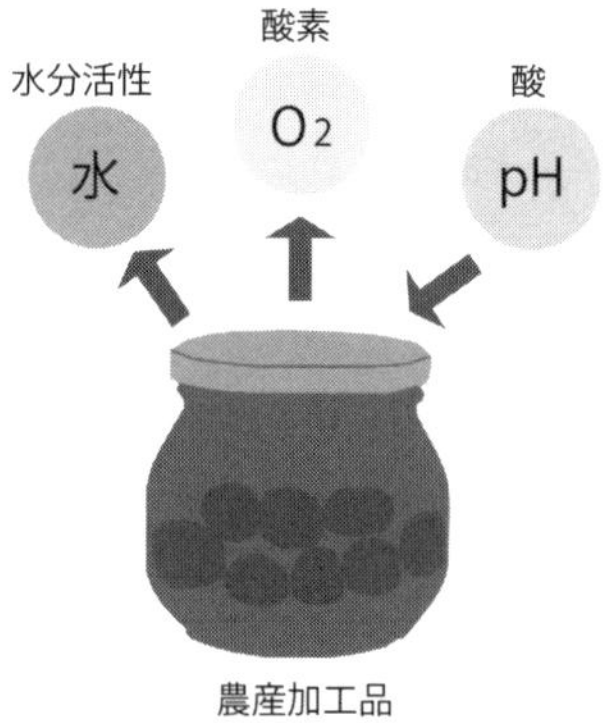

微生物増殖防止の条件　水、酸素、pH

3 欠かせない三つの計測機器
温度計・糖度計・pH計

味の安定にも安全管理にも「計測する」ことが大事

仕事で訪問する農産加工所のなかには、ジャムやドレッシングの製造を行なっているのに、温度計はあっても糖度計やpH計はもたないというところが結構多いように思います。またジュース製造を行なう加工所でも温度もpHも計測していないところもあります。

果物も野菜も糖度やpHは収穫時の状態で結構ブレやすいものです。たとえばリンゴは、収穫時期を過ぎて翌年の春のころには酸味も甘みも抜けて「ぼやけた味」になりがちです。

こうしたことから、原料素材の状態を正確に知り、記録することが必要です。

同じような作業を繰り返す加工作業では、勘が養われ、瞬時の判断や状況をみて直感する場面が多い世界であることもたしかです。しかし、基本はまずしっかり計測機器を使って現状を確かめて、さらに記録を残すことが必要です。慣れてきても、計測して記録しておくと自分の作業の結果を、きちんと数値として、後々比較資料にすることができます。

温度計

たとえばジュースやジャムなどのビン詰め加工を行なう際には、「熱々の充填物を熱々のビンに詰める」必要があります。その際に加熱によって所定の殺菌の温度帯に達しているかを判断する必要があります。ノロウイルスならば85℃、病原性大腸菌ならば75℃など殺菌温度帯を確認します。温度が不足している場合は、ただちに加温する必要が出てきます。農産加工品の多くが１００℃以下の温度帯で殺菌する以上、温度計で計測することほど重要なことはない、と考えています。

温度計にも種類がありますが、学校の理科の実験などで使うガラス製の棒状温度計は、農産加工の現場では避けるべきでしょう。割れると大変ですし、継続して測るのには手に持ちやすいものでなければなりません。デジタル式のものが便利で、とくにメーカーは国産で保証書があり、メンテナンスや部品交換ができる機種がおすすめです。食品関連の見本市などでも、こうした温度計をはじめ、計測機器のメーカーが複数出展しますので、用途に合う製品のメーカーを選べばよいと思います。

温度は「経過を調べるもの」だと思いましょう。一時点を測るだけではなく知りたい時には即時に温度がわかる状況にしておくことです。このため温度を測るのに時間がかかるような温度計は不向きです。なぜならば一定の加温は必要だが温度の上がりすぎは避けたいような加工の場合（たとえばイチゴやモモのジュース加工など）、釜の温度がさがったら間髪をいれずに加熱を行なうことができます。品温が安全な温度帯にあるかどうか「経過をみる」ことが大事で、品温を常に意識できることが、安全な食品づくりのベースになります。

そのためには、各地の農産加工所に設置されている「蒸気式温度計」は使いやすいものです（写真2－12－1）。温度計の本体から離れた端子を釜の中に入れておくだけで、一目で温度がわかります。加工所の全員が同じ温度計をみて、それぞれ次の作業の準備をすることができます。電池などの動力は不要なので、電池切れで測れないなどということはありません。

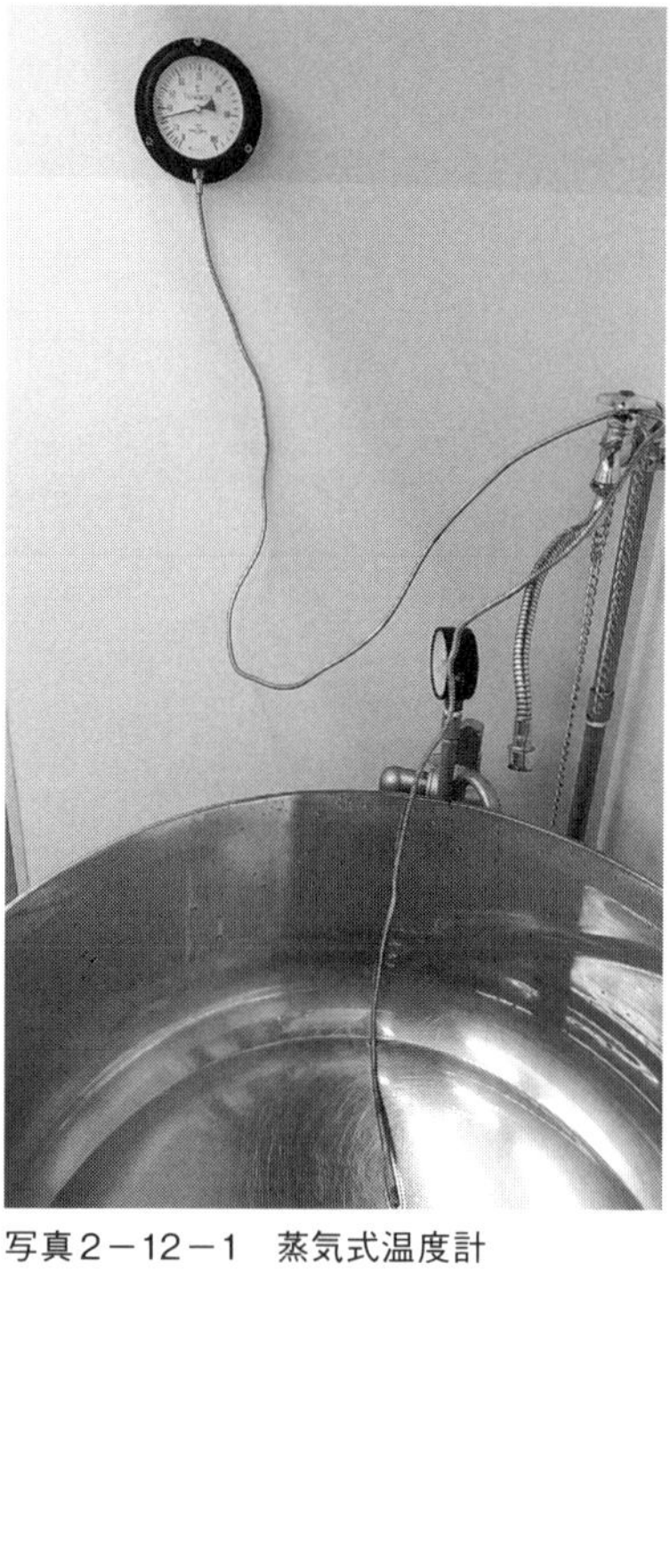
写真2－12－1　蒸気式温度計

また、私の加工所では清涼飲料水の製造に必要とされる「温度記録計」も使っています。どの時間帯に何度で釜の温度が推移したかが記録される便利なものです。

加工所の温度計が正常に働いているかを確認するために、「標準温度計」を置く加工所もあります。日頃の温度計が示す値の正しさを疑ってみるところに、その加工所がいかに温度を大事に考えているかがわかります。

糖度計

かつて相談を受けた加工所では、ジャムの配合やレシピをあらかじめ決めておき、それに従って常に同じつくり方をしていました。加工所に入ると、イチゴ10kgに砂糖は○kgという具合に、紙に書いて壁に貼ってあります。糖度も酸味も一定ではないのがイチゴですから、原料の糖度も知らずにいつも同じ量の砂糖を加えてつくっているならば、製品の仕上がりも毎回一定にならないはずです。案の定、糖度計はもっていませんでした。

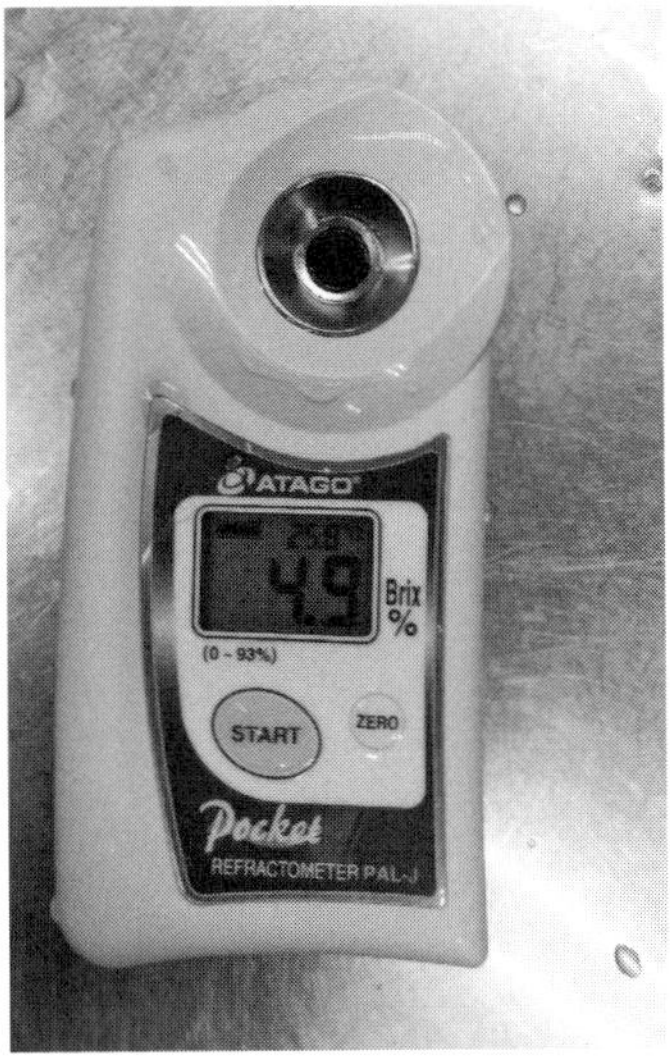

写真2－12－2　糖度計

とくにジャムの場合、加工食品品質表示基準によれば、可溶性固形部分（つまりジャムの中に溶かし込む「可溶性の固形分」のこと。これは砂糖を念頭に考えてよいと思います）が40%以上でないと、「ジャム」の品質を満たしていないということになります。しかも糖度は保存性を考える上での判断材料です。基本的には、常温で6か月以上の日持ちを実現するためには、糖度45以上が一つの目安になります。こうした目標の糖度に近づけるために、鍋への加糖量を計算して判断する必要があります。それに欠かせないのが糖度計です。毎回安定した味わいを生み出すためには不可欠です（写真2－12－2）。

また、糖度計はジャムのみならず、ジュースでは味わいのチェックに、ドレッシングやタレでは保存性を考える目安に、漬物では漬け原材料の味わい調整に、製造作業の中では欠かせない計測器具です。「焼肉のタレ」なども市販のものの多くは、糖度40以上です。砂糖も塩分も含めての可溶性固形分になりますが、実際にはタレとは言いながらもかなり甘めに製造されていることがわかります。甘さと塩分で保存性を高めているわけです。

糖度計は値段もいろいろありますが、まずは小さな望遠鏡のように光を通して覗き込む屈折糖度計の計測に慣れておくとよいでしょう。機種によって、ジャムの糖度に近い糖度の範囲（糖度30～55あたり）だけで測るものもありますが、ゼロからしっかり測れるタイプの方が1台で済むので便利です。最近は熱いものを計測器にのせても測定できるデジタル糖度計もあり、その最新の機種は糖度０～99まで測定できます。

なお、計測する際はジャムなどの場合、鍋で炊き込みながら加糖すると、すぐに素材の水分で砂糖が溶解して一気に水気が増すことがあるので、全体が馴染み、均一な状態になるまで少し時間をおいて計測します。

pH計

pH計は原料の状態でも計測しますし、製造中に酸性やアルカリ性の度合いをチェックするのにも使います（写真２－12－３）。屈折糖度計などの仕組みと比べると、中性（pH７・０前後）と酸性、アルカリ性の相対的な評価で数値化される仕組みです。リトマス試験紙のように色で測定するものもあり、色見本などと照らして大まかな数値はチェックできます。ただ、あくまで大まかな度合いにとどまり、保存性を確認する目安となる数値（たとえばジュース製造の際のpH４・０など）を明確に表示できないので、試験紙だけでの確認は避けた方がよさそうです。実際にも、計測器と試験紙とで比較すると差異が生じたことがありました。

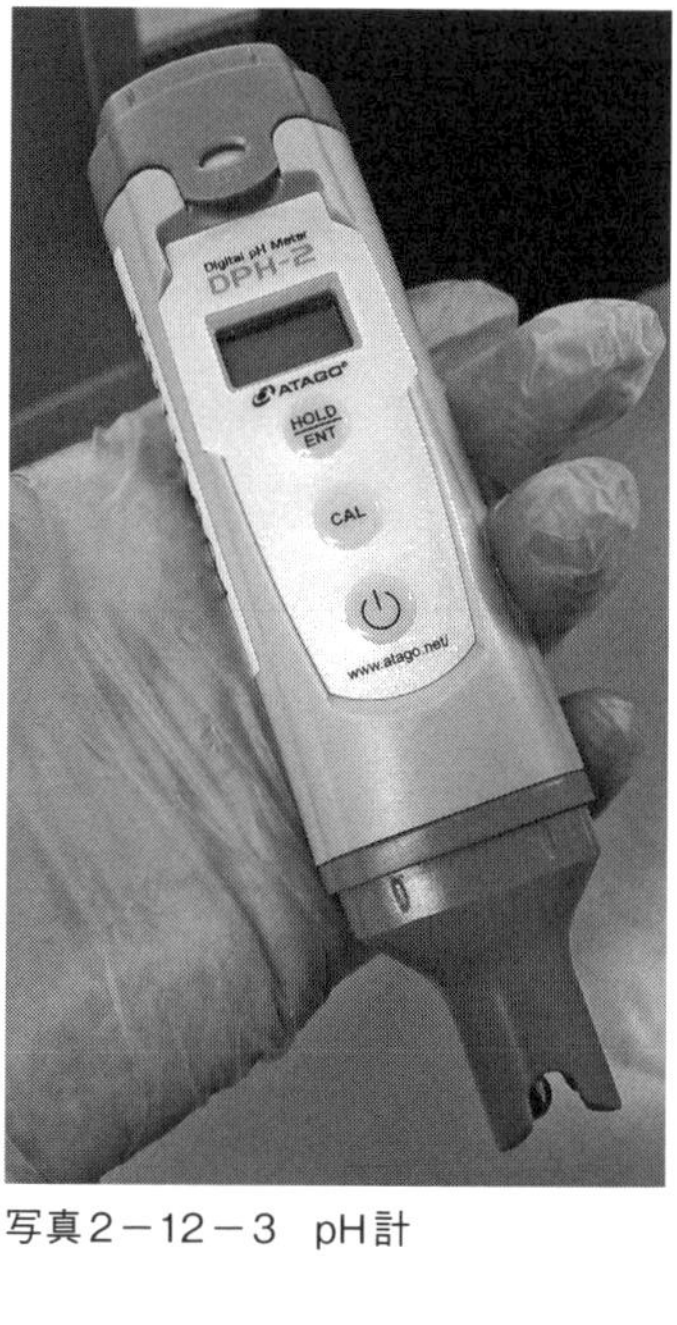

写真２－12－３　pH計

pH計は国産、外国産ともに販売されていますが、測定端子の定期的な補正が必要です。補正に使う消耗品である補正液まで準備できるメーカーであることを確認して購入を決めるべきでしょう。私の加工所ではデジタル式のものですが、まず補正液に端子を浸して、基準となるpH７・01を決定してから、酸性（pH４・01）とアルカリ性（pH８・63）を校正する作業を行なっています。pH計は、絶えずリフレッシュした状態で使用することが大事です。また、測定端子は乾燥に非常に弱いため、毎回湿った状態で使用します。さらに長期間使わない時などの保管方法も、メーカーのアドバイスを受けて行なうのがよいと思います。

4 素材の見極めと保存処理の仕方

原料持ち込み時点の状態を確認する

加工素材の状態はさまざま

農産加工の現場で出合う素材のレベル（農作物の出来具合）は本当にさまざまです。元々加工原料として生産されるものの他にも、青果では出荷しにくい規格外の素材や過熟でもっていき場がないもの、色づきが悪く青果ではおいしさが発揮できないもの、一部に傷みがあるがその部分を除去すれば使えるもの、青果としては良い出来でも市場価格が低迷して出荷を見送ったもの、などがあります。それぞれの加工所が平均的にどのレベルの素材を中心的に使うのかは、その加工所がどういう加工品のグレードに仕上げたいと思っているかによると思います。つまり、一口に素材となる果物や野菜といっても、イマイチ（今一つ品質がよくない）の素材でそこそこの加工品ができればよいのか、あるいは、良い素材で高単価でのみ販売する高級品にしていきたいのかで、扱う素材の品質もかなり変わってくると思います。もちろん、より良い素材で加工品をつくれば、当然ながらおいしく美しい品はできますが、それが自身の農産加工所にとって目指すところなのかも考えねばなりません。

つまり、経営が成り立つことを念頭に置くならば、素材の見極めと選択は、出来上がる加工品の原材料コスト（もしくは費用換算した自家栽培の原材料費）、工程での手間のかかり方にかかわるので、とても重要になります。

私の加工所では、生産者から預かった農産物を使って加工品にしてお返しする受託加工を主としていますが、とくに工程の手間については、持ち込まれる原材料の状態によって大きく変わるものということを日々実感しています。たとえば温州みかんの加工品の場合、皮を一つずつむいていく作業を行なうのに1個80～100gの玉と、1個40gにも満たない小玉とでは、皮む

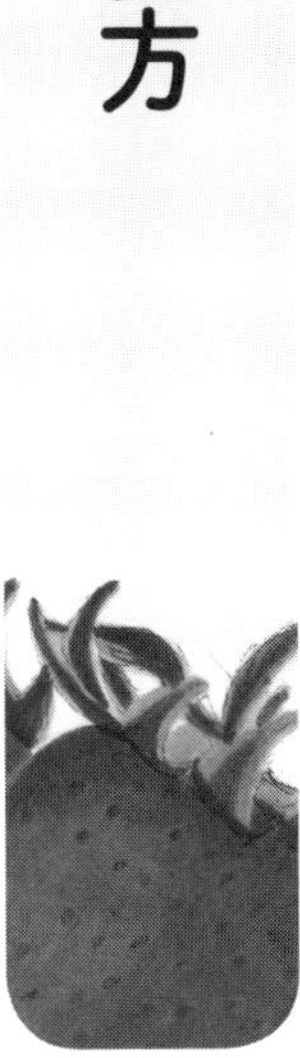

きに要する作業時間が1・5倍ほど違ってきます。もちろん小さい方が余計に時間を要します。これらはすべて製造原価に跳ね返りますので、出来上がったジュース1本あたりの単価（加工賃）も依頼主との相談ということになります。同様に漬物加工の時の漬け菜がきれいな時と虫食いだらけの時、股割れが多いダイコンとまっすぐなダイコン、トマト加工の時の完熟の度合いや糖度の高さなども、最終的においしい加工品を目指すのであれば、すべて製造にかかわる条件の変化ということで、製造原価に反映されるものです。

被災した農作物を生かす道

その一方では、こういう思いもあります。この数年、全国各地で天候不順や自然災害によって農業生産の現場では、収穫前の果樹や野菜が大きな損害を抱えるケースが増えています。被災された生産者の皆さんには本当に気の毒な限りですが、そんな中でも、何とか挽回したいという思いで私の加工所に相談を寄せる方もいらっしゃいます。そうした時に、私の加工所で被災した生産者の素材を使って、集中的に加工を行なったり、材料として素材を購入したりして、少しでも協力したいという思いはあります。しかしながら、加工のスケジュールがすでにいっぱいで、そうした相談に応じられないこともあり、まことに申し訳ないという気持ちでいっぱいになります。たとえば、落下した青果をどのようにすれば腐敗させずに1週間ほど保管ができるのか、また、素材によっては向き不向きがありますが、いったん冷凍処理を行なったものを解凍してどう使うか、こんなことを毎年考えています。被災した素材を鮮度が失われないように、できるだけ多く速やかに量的に加工する力量が求められているようです。正直に言うなら、今の私の加工所だけでは力が足りません。非常に悔しい気持ちになります。

近い将来、農産加工所の周りに加工素材がなくなる可能性も

日本の農業生産と流通の現場をみていると、近い将来「農産加工の原料確保が難しくなる」と思われるばかりか、徐々に事態は進んでいると感じます。農業者が農業経営の一環として、自分で栽培した農産物のなかで、未利用素材や未利用の部位を活用していく動きは、今後さらに増えるでしょう。とくに農業法人などで経営規模が大きなところでは、青果のみならず加工品も商談会を通じスーパーマーケット、ギフトショップ、ネット通販事業者、飲食チェーン、業務向け商社など、対象市場に売り込む動きが活発化しており、

国や都道府県などでもこうした大口の農産加工の担い手を育成する向きがあります。同時に各地のＪＡでは、農産物を特定の事業者にまとめて納入し、小回りがきいて、対応力のある経営にしたいという考えをもつところが増えています。

このため、従来は産地内の生産者同士で農産加工の素材を分け合ったり、互いに融通したりして確保していた小規模の加工所では、身近なところで原料を確保できない状況もみられるようになりました。つまり地域農産物に対するさまざまな引き合いが増えたことで、需要が堅調に増加していて、農産加工所の周辺では原料素材がありそうでいて、実は減っているという状況が常態化しつつあります。

地域の農家と協働する農産加工所に

その一方で、時期的に一度に大量の荷が集まる野菜などでは、生産者が自分で行なう加工生産力では、到底消化しきれない、使いたいのに加工が追いつかない、というもったいない状況もよくみられます。こういう状況にあって、地域の農産加工所の存在意義が今後高まる可能性があります。もちろん、これまで以上に、おいしく安全な製品をつくることがまず要求されます。そして、農産加工所で一定量の加工処理ができるとわかれば、加工所の仕事に対する信頼が生まれ、地域の農業法人などと連携して商品づくりを担うといった新たな展開にもつながります。そうしたことから、地域の農産物のなかで、生かしきれていない素材を一次加工と組み合わせて活用する手立てを会得しておくことが、加工所では不可欠になります。自分のつくりたいものだけを生産する、というだけではやっていけない時代になるのだと思います。農産加工所が地域の生産者に頼られて、一緒に手を組むパートナーとみなされることが大事な時代ではないでしょうか。

素材の見極めと下処理

農産加工の素材となる農作物は、野菜でも果物でも、形がいびつだったり、育ち具合でサイズが不揃いだったり、多少のシミや黒ずみがあったりと、さまざまなケースがみられます。加工の現場では、加工用としてはもちろん、そのまま青果で販売できるものや、販売用ではなく農家の自家消費用なら普通に使えるくらいのものを原料素材にするケースが多いと思われます。

加工所で原料を受け入れた時には、原料の状態を最初に確認することが大事です。製造の記録は不可欠の時代になっていますが、受け入れ時の素材の状況を記録しておくことが、素材に由来した製品トラブルを未然に防ぐことにもつながります。

この原料受け入れ時の確認で、外見的に激しい傷みがあるものはあらかじめ外します。受託加工の場合では、素材を生産者から預かる時に、生産者と一緒に確認を行ないます。その場で腐敗していたり、カビが繁殖したりしている素材が多いようなら、受託加工はできないことを説明します。なぜなら、カビや腐敗菌を加工所内に持ち込むのは大きなリスクを抱えることになるからです。豪雨の被災地から落下した果物や、水に浸かった野菜が運ばれることもあります。私の加工所では受託加工を行ないますが、どんな材料でも持ち込んでいいわけではありません。事前に状態を写真で知らせてもらって、受け入れを決めた後には、生産農家にはしっかり、まず保冷することなどをお願いしています。傷んでしまったものは、基本的に受け入れは難しいと事前に伝えますが、洗浄した上で傷んだ部分を切除してビニール袋に入れて保冷したものを持ち込む場合は受けることにしています。受託加工の場合は、下処理やトリミング（素材の切り取り）の仕方を、委託してくる農家との間で打ち合わせておくことも大事になります。

こうして加工所に受け入れた材料の状態を頭に入れて、下処理の手立てを考えていきます。

保存処理の方法

保存の基本

先に述べた安全・安心のポイントを押さえれば、保存の基本は次の4点となります。

①砂糖と塩で保存性を高める
——水分活性の制御
②酸素をできるだけ追い出す
——真空包装
③酸を生かす
④ものに応じて容器を選択する

それぞれPart2までに述べましたので、ここでは冷凍保存についてみておきます。

冷凍保存

冷凍保存に向く保冷袋としては、本書でも繰り返し登場するラミネート袋が適しています。生産者のなかには収穫用コンテナに厚手のビニール袋を敷いて、そこに農産物を詰めて袋を結んで積み上げるという形状で冷凍庫にそのまま貯蔵する人もいます。2週間以内など短期間の貯蔵でしたら、この形態でも問題ありません。しかし6か月以上保存することが最初からわかっているのであれば、やはり気密性が高いラミネート袋の方が適しています。冷凍庫内の臭気を素材が吸収することを防ぐからです。

ラミネート袋といっても、材質によって袋が耐えうる条件も異なるので確認して使う必要があります。温度環境がマイナス40℃の冷凍で耐熱温度が95℃以上の規格のものであれば、まずは大丈夫です。

内容物が入った袋をしっかり脱気・密封して冷凍すれば、1年以上素材の劣化を防ぐことができます。ただ、脱気が十分でなく空気がたくさん残った状態で冷凍すると、中に残った酸素による酸化や、冷凍焼け、冷凍臭の吸着なども生じて、素材の味は落ちてしまいます。このため脱気には真空包装機の使用をおすすめします。ノズルで吸気するタイプの脱気シーラーなどの場合は、ノズル周辺の袋がシワになりやすく、うまく脱気できない場合があります。

空気が残ったままでは、空気の泡ができて、その泡の形のまま凍って、泡の縁は鋭い刃物のようになり、時には袋を傷つけて穴を開けることもあります。複数の袋を積み重ねておくような場合は、とくに穴が開く危険性が増します。

冷凍庫は開け閉めの回数が少ないほど中の温度が安定します。屋内や家の敷地内に置いた冷凍庫が、保存専用で開け閉めの少ない状態ならば、原料保管用として適しています。冷凍庫の性能はある程度割り引いてみる必要があり、マイナス20℃以下で保存していたつもりでもマイナス10℃くらいしか冷えていないということがあります。物を詰め込みすぎたり、いろいろな種類の材料を入れたために、開け閉めが頻繁となり、びっしりと霜がついていることがあります。こうなると、保冷の状態は良くないと判断すべきでしょう。

冷凍倉庫のレンタルもある

安定した品温で、まとまった量の素材を冷凍する必要がある場合は、冷凍倉庫をレンタルする方法もあります。主要な農産物の集散地には、必ずと言ってよいほど冷凍倉庫のスペースを貸し出す会社があります。私の加工所では、大手の倉庫事業者「横浜冷凍」（通称：ヨコレイ）の倉庫を借りています。預けているのはモモのピューレ、冷凍トマト、冷凍イチゴなどで、預ける期間は4～5か月ですが、７００～１０００kgくらいの小さなボリュームですので、保冷預け賃は月々数千円で済んでいます。専用の倉庫業者が運営する保冷庫なので、マイナス40℃～マイナス10℃の温度帯で小刻みに設定された部屋に分かれており、素材に合った温度での冷凍の依頼に対応してくれます。温度管理の技術水準は高く、抜群の環境ですので、年間の半分だけ稼働するのであれば、こうしたサービスを利用する方法もあると思います。

素材別の冷凍法

トマトやイチゴ、ブルーベリーはヘタを除いて水洗いし、ラミネート袋やコンテナに厚手ビニール袋を敷いてその中に入れ、冷凍します。繊細な素材の香りの保持にはやはりラミネート袋に入れて脱気密封することをおすすめします。同じくブドウは、房から粒だけを外して水洗いし、コンテナに厚手のビニール袋を敷いて中に入れます。用途によりますが、皮はむきません。

レモンやユズなどの香酸柑橘は、青果の玉を丸ごと熱湯で2~3分茹でます。これは果肉と果皮を柔らかくして果汁を搾りやすくするためです。その後水洗いし、二つ割りして果汁を搾った後に外の皮とワタの部分に分け、タネを除去するなど区分してそれぞれをラミネート袋で真空包装して冷凍するとよいでしょう。柑橘は丸のまま冷凍すると、解凍時にすべて崩れたようになります。丸のままの冷凍は避けるべきです。

ウメやスモモは、洗浄してラミネート袋やコンテナに厚手のビニール袋を敷いて貯蔵することもできます。解凍時には果汁が採取しやすくなりますが、同時に果肉も崩れやすくなるので、用途に応じて冷凍を行なうことをおすすめします。

知っておきたい加工情報❺　通年で使えるユズの保存処理方法

全体的な傾向でみると、全国的には現在ユズをはじめ香酸柑橘の素材は市場から求められる需要過多の状態ですが、同時に産地では素材としてのこれらの柑橘は安値だといわれます。こうしたアンバランスのなか、加工素材としての下処理加工品に着目するのも面白いと思います。香酸柑橘の果実は丸ごとの長期保存が難しく、解体してからの保存に向きます。ここでは近年人気が高まっているユズの保存処理方法についてみてみます（図１、写真）。

ユズの利用

●ユズを通年使うための解体処理について

保存処理では、果汁・果皮・果肉などのパーツに分けることがポイントです。パーツに区分するだけでも商品価値は高くなります。たとえば、ユズ果汁や果肉・じょうのう膜（果肉を包む小袋）は、外果皮のシミなどに関係なく使うことができます。

その一方で、ユズを解体すると平均的には「果汁２：果皮４：果肉・じょうのう膜３：種１」といった割合で分割できます（品種や育成状況によってこの割合

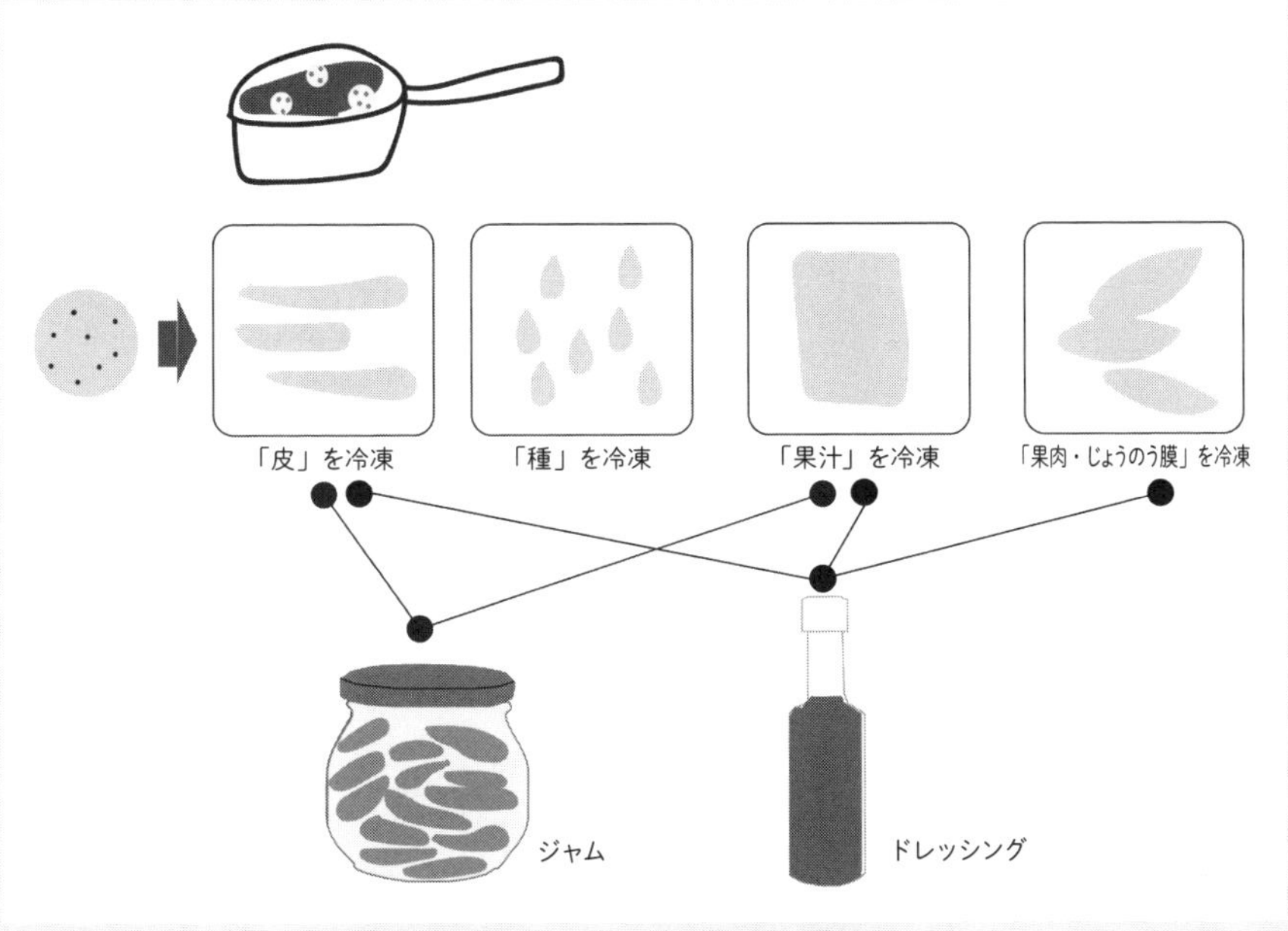

図１　ユズの利用

は変わります）。ユズを解体処理する場合には、資源としてすべて無駄なく利用していくことが大事になります。

●処理の手順

手順を図２に示しました。

●ユズ素材の商品価値を上げる目安について――商品として必要な条件

解体処理されたユズの商品価値というものについてみてみます。

○ユズ酢

・香りの良い品種であること。
・クリアな状態であること。
・糖度と酸度の管理がきちんとできていること。
・ユズの精油成分の混入が目立たないこと。
・包装状態がきちんとしていること。
・小分けされていてビン詰め、真空包装容器での脱気がなされていること。
・保冷が行き届いていること。

○ユズ皮

・皮にシミや汚れなどが少ないこと。
・内側の白いワタの部分を削ってあること。
・カットされていること。
・小分けされていて真空包装容器で脱気されていること。
・保冷が行き届いていること。

○果肉・じょうのう膜

・種が細かいものまで除去されていること。
・ミキサーなどで細かく粉砕されていること。
・小分けされていて真空包装容器で脱気されていること。
・保冷が行き届いていること。

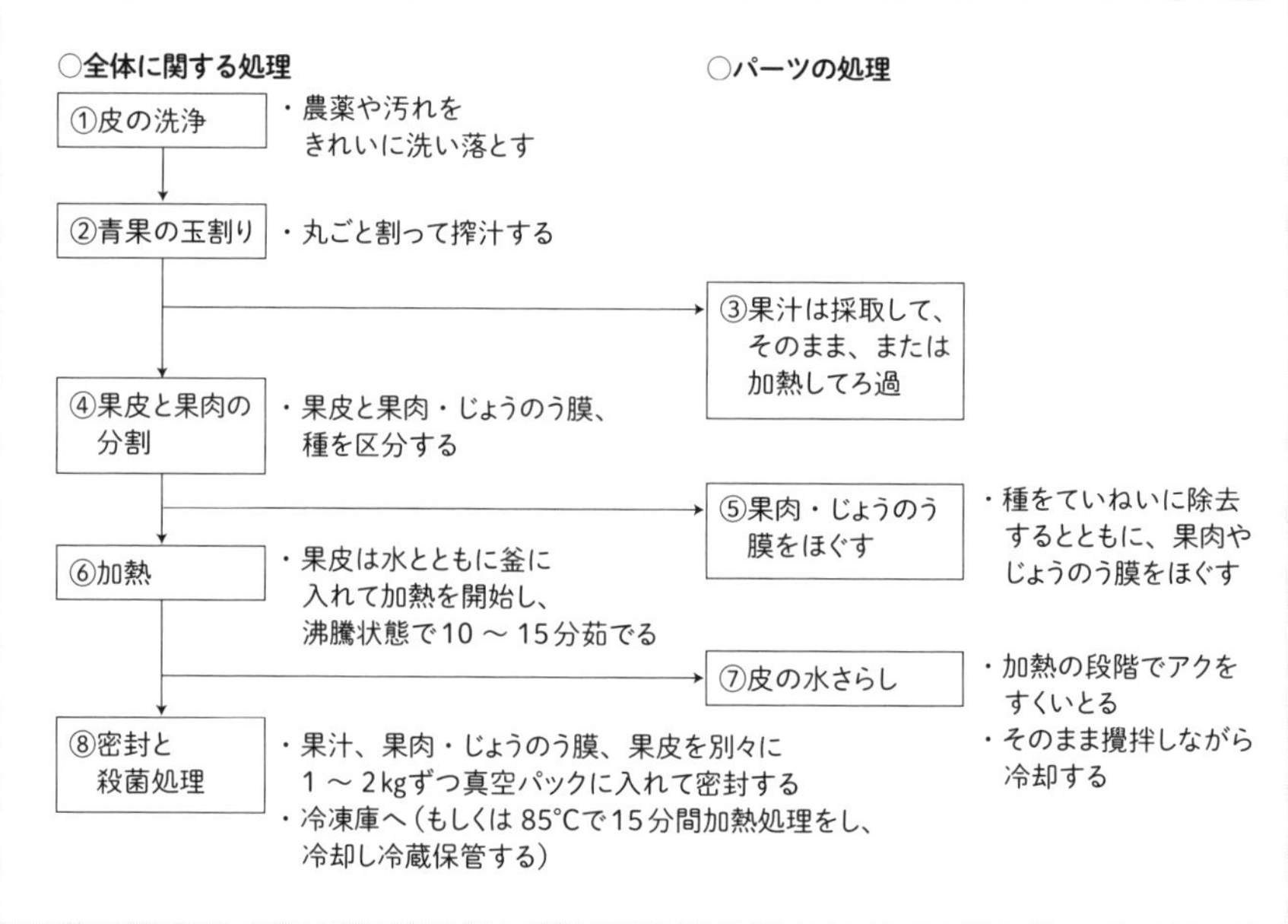

図２　ユズ解体の手順

Part 3

商品化に欠かせないモノ・コト

5 いいことだらけの一次加工保存法

一次加工は強い味方

一次加工がもつ力

農産加工の現場では、一年間を通してさまざまな加工素材を使っていきます。通年使いたい原料は、旬の時期に入手します。一年の中でも旬の時期に集中して保存処理を行なうことが可能であれば、良品素材を比較的買いやすい価格で入手できることになります。これが一次加工の役割の一つです。

　このように一次加工は、原材料を下処理して活用可能な状態にする作業ですが、これまでの多くは、農産加工所で原料を保管・貯蔵するスペース確保の手段として取り組まれていました。最近では、生産者が農産加工を経営の柱に考える際に、そのままで流通が可能な一次加工済み商品として、アイテムの一つに加える新たな動きも出てきました。

旬＝安くてたくさんの良品素材確保が可能

　たとえば、九州内のあるＪＡ営農センターでは、毎年春先にプレハブ建てのイチゴ洗浄場を開設します。春先に価格がさがってきたイチゴを選果もパック詰めもせずに、出荷用のパレットで持ち込むよう生産者に呼びかけます。そして洗浄場で、ヘタ取り、次亜塩素酸ナトリウム溶液での表面殺菌、水洗いの後に袋を敷いたバルクボックスに計量して詰め、近隣の保冷倉庫で冷凍します。冷凍イチゴの作業は、毎年3～5月の短い期間で、プレハブ建ての作業場自体もこの時期だけ仮設するレンタル品です。冷凍イチゴの単価と収量は年によって異なりますが1kg７００～９００円となっており、最も多い年は20ｔを超えたこともあます。冷凍イチゴは、ＪＡ内の加工部でのジャムなどに加工されるほか、業務用の引き合いが多く一年たたずに完売してしまいます。

　また、ＪＡほどの規模の大きな取り組みでなくても、トマト生産者が規格

外の旬のトマトを活用してピューレ製品にして販売したり、果樹生産者がシロップ漬けにして製菓店に卸したりといったことも、少し工夫することで十分に実現できるようになっています。

　こうした取り組みをみていると、生産の現場で生まれるさまざまな素材を、より大事に活用していけるのが一次加工であることがわかります。また、青果に限らない販売先の広がりや、使い道のバリエーションにもつながるため、利用する人にさまざまな可能性をもたらすことも示しています。

一次加工で作業時間短縮、アイテム増へ

　一次加工品は、直売所の人気商品を支える側面もあります。「加工の途中まで済ませておく」「つくろうとする加工作業を前もって終わらせておく」ともいえますから加工品にかかる全体の作業の時間を短縮する効果もあります。

　1商品あたりの使用原料と品数が多い弁当や惣菜づくりでは、一次加工が力を発揮します。味付けしないピューレばかりではなく、野菜に出汁を含ませた煮物などは、別の日につくり真空包装し加熱殺菌して保存しておくと、当日はこの煮物を弁当の加工の時に加えたり、他の調理品に使ったりできます。

　また、イベント前の大量調理の準備も楽になります。季節の素材が乏しいと感じたら、一次加工で保存処理した素材を急遽使うこともできます。さらに、大量調理も当日に集中してつくらなくても済みます。増える需要に応じることもでき、少量の追加にも対応可能になりますから、さまざまな販売や出店の誘いにも応じやすくなります。そして、タケノコの水煮やクリの甘露煮、青梅のシロップ漬け、大豆の水煮などは、よそから買ってくるのではなく、自前で加工して調達していることなどが知られるようになると、地元産素材を大事にしている加工所としてきっと評価されるでしょう。

一次加工で安く仕入れ、通年で使える

　以下では、素材になる農作物ごとに、一次加工する例をいくつか紹介します。

ニンニクの冷凍保存

　国産ニンニクは人気があり比較的安定した価格といわれますが、近年各地で栽培が進んできたこともあり、豊作のシーズンには価格下落もみられるようになりました。価格がさがったら、皮をむいて、丸ごと、あるいはスライスや、すりおろして、真空包装機にか

けた後に冷凍します。なお冷凍によって飴色や黄色に発色することがあります。

ナスやキュウリなどの塩漬け保存

夏野菜を中心に、漬物の原材料として欠かせないキュウリやナスは、塩による水抜きつまり、塩漬け、粗漬けが大切です。漬物の場合はとくにていねいに水を抜きたいものです。

キュウリは、最初に対重量20％強に相当する塩をまぶして重石をし、数日してから出てきた水を捨てて水抜きを行ない、今度は5％の塩で重石をします。これをもう一回行ないます。

ナスは対重量10％の塩とミョウバンで揉み込み、出てきた水と一緒にさらに20％強に相当する塩をまぶして重石をし水抜きをしていきます。1日で水がかなり出てきますので捨てて次に5％の塩で重石をします。これをさらにもう一回繰り返します。

キュウリもナスも30％超える塩分に漬けた状態となりますので、重石でぺったんこになっています。水分がよく抜けていますから、長期保存が可能であり、特徴的なパリパリとした歯ざわりの良い仕上がりになります。

ナスは、お盆のころまでの皮の薄いナスを塩漬けする方が食感が良いと思います。塩漬けしたキュウリやナスを使う時は、刻んでから薄い砂糖水または塩水に浸して塩抜きして使います。

大量に収穫される夏場の旬の時期に、大量に収穫されて安値で出荷されがちですが、一度塩蔵の手間をかけたものを原料に、時期をずらして加工することで、付加価値を高めることができます。

ダイコンの塩漬けや乾燥ダイコン

同様に漬物に欠かせないダイコンは、甘みと風味がのってくる冬場の寒い時期に干します。安定して水分を抜きやすく、10～20日ほど干すと「への字」に曲げられるくらいに弾力が出てきます。夏場にダイコンを干す場合には、水分を抜く加減を強め「のの字」に曲がるくらいを目安にします。「への字」の状態で「塩ふすま」に漬け込みますが、保存期間によって塩の配合を変えます。冬場は3％前後、初夏まで日持ちさせたいならば10％前後、夏場まで保存するなら15％前後の塩分が目安です。ダイコンは「割り干し」にしても漬物にも向きます。また「刻み干し」をもどして惣菜に使ういわゆる「切り干しダイコン」は根強い人気の一次加工品になっています。

ツケナ類の冷凍保存

タカナ、カラシナ、山汐菜、広島菜などアブラナ科のツケナ類は、気温が氷点下になり甘みを増す時期に塩で漬け込みます。新鮮な風味の浅漬けですが、楽しめるのは短期間です。この浅漬けを新鮮な風味が残る時にラミネート袋に詰め、真空包装して冷凍保管しておけば、3～4か月は青々としたものが楽しめます。漬物だけでなく、高菜巻きのおにぎりや巻きずしなどに使っても緑色の色目を楽しめて、食べてもおいしい一品になります。冷凍で保管したものは、春野菜が終わった後の、端境期で野菜が品薄になる時期に、自然解凍して「食感も風味も良い浅漬け」として販売できます。もちろん浅漬けよりも貯蔵期間が長い古漬けや、一年漬けなどの味わいも楽しめます。

カボチャ、ニンジンのペースト

秋から冬場に穫れるカボチャやニンジンは、色合いを生かして焼き菓子やジャムや惣菜、飲食メニューなどに幅広く使えます。こうしたビタミンカラー（オレンジやイエロー、レッドなど明るく生き生きした色）の素材は、皮をむいて一度蒸すと、色合いを保ちやすく、茹でるのに比べて余分な水分が入らないので、素材そのものの味を楽しめます。カボチャは蒸すだけで潰しておけば、カボチャのコロッケや惣菜などにも簡単に使えます。栽培方法にこだわり、おいしいカボチャを生産する農家で、自らピューレに加工して、そのままポタージュスープやグラタンの材料として洋食料理店に卸している人がいます（写真3－1）。ニンジンはパンケーキにしたり、パンの生地に練り込んだり、ひき肉やタマネギと混ぜてシュウマイのような惣菜にしても、栄養価もおいしさも増します。

カボチャやニンジンの皮をむくか残すかは用途次第です。形を残しておきたい場合は、カットして蒸してから、ペーストにする場合は、蒸して潰してからラミネート袋に詰めます。いずれもクエン酸かレモン、香酸柑橘の果汁などを袋に少量一緒に入れて脱気真空包装すると色合いを保ちやすい上に、多少は雑菌の繁殖を防ぐ効果があります。真空包装後の加熱殺菌は90℃以上で、30～60分行ないます。

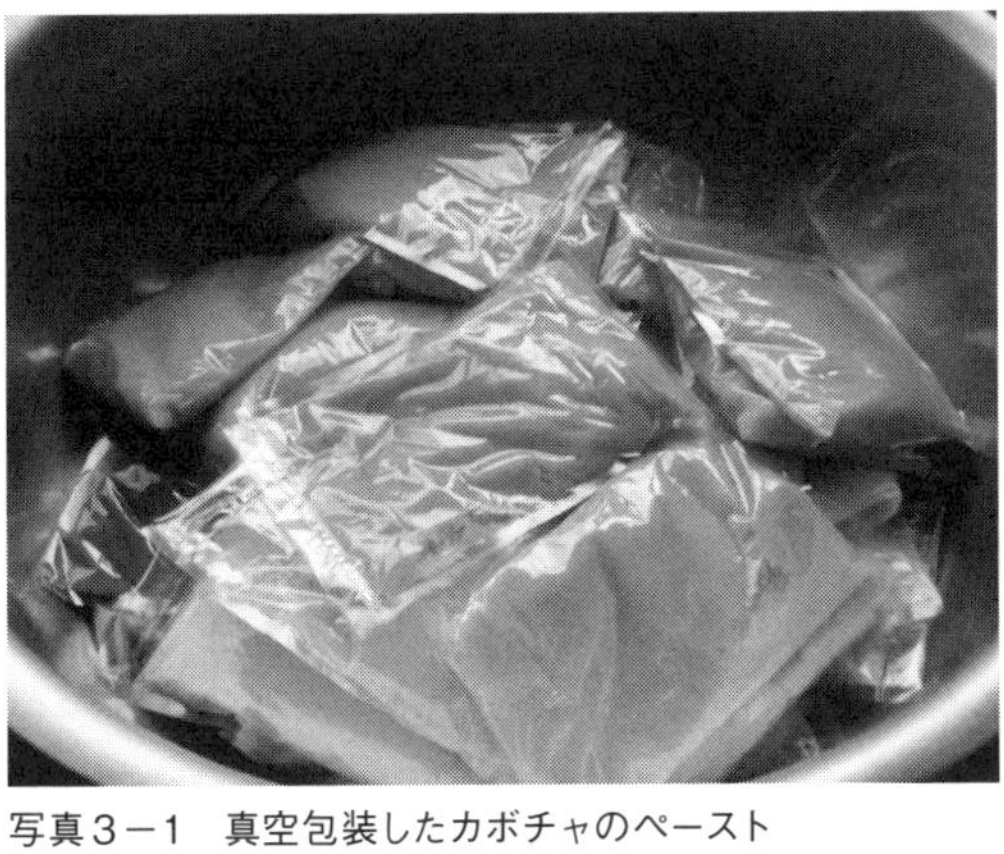

写真3－1　真空包装したカボチャのペースト

トマトピューレ

トマトは洋風メニューの味のベースを安定させるのに、とくに欠かせない調理素材の一つです。トマトケチャップはもちろん、ハンバーグのソース、トマトパスタのソース、肉や魚のトマト煮、味噌味の煮物の隠し味、さらにはドレッシングのベースにも使えます。

青果素材としてそのまま冷凍保存がききますが、冷凍青果として出荷するのではなく、ひと手間かけて一次加工すると、商品としての販売が見込めます。収穫の多忙な時期には、もっぱらヘタをとって洗浄して、冷凍ストックを心がけ、時期をみて加工すれば、無理のないスケジュールが組めます。私の加工所にトマトの加工を委託している生産者にそのことを話すと、さっそく実行したとかで、シーズン終盤には前年の倍の量のストックができたとのことでした。

トマトは鍋で煮込んだ後に、ミキサーなどで破砕し、裏ごしして皮と種と果汁を分離し、さらに炊き込むと、果汁が濃縮されてピューレになります。これをラミネート袋に詰めて脱気密封して加熱殺菌してから冷凍してストックしておくと、ピューレ単体でも十分に製品として通用するものになります。

アスパラガスピューレ

アスパラガスは、食感と同時に風味や色合いなどを楽しむ素材です。生産現場では育ちが細いものや、反対に大きく育ちすぎたもの、二股に育ったものなどが結構多く出て、出荷されないまま放置されることが多いようです。実際にアスパラガスの一次加工の需要は大きいと思われますが、一次加工を生かしているケースはまだ多くありません。

実は、アスパラガスの繊維質は鮮度状態で大きく変わります。収穫して翌朝までの半日以内であれば、いわゆる「切り下」と呼ばれる規格外の部位を除けば、ほぼすべての原料をピューレに粉砕することは可能です。とくに

ジューサーや高速度回転するフードカッターやブレンダーなどで粉砕すると、かなり瑞々しさを保ったままで細かくできます。これらはスープの材料、菓子やパンなどの生地に混ぜて使えます。

また新鮮な状態の素材を下茹でして、ラミネート袋に入れ、脱気密封し冷凍しておくと、生果を冷凍するよりは状態が良く日持ちもします。パックの中に少量の油を加えておけば、果肉の水分が保持されます。

土もの（根菜類）の保存

イモ類やニンジン、ゴボウ、レンコンなどは土の洗浄が大事になります。とくに真空包装機で脱気する場合は、嫌気性の耐熱性芽胞菌が容器内で繁殖する可能性がありますので、表面の洗浄はもちろん、土を噛み込んだ部分などは削り取り、股割れの部分は割って土をきれいに除去し、ニンジンやゴボウのヒゲ根や葉の付け根のところ、先端などの硬い根やイモ類の「なり口」、レンコンの節々の形状が複雑で土を巻き込みやすいところなどを入念に洗浄します。

その後の下処理では加熱して、容器包装後に加熱殺菌しますが、できた下処理品を使う時には、必ず１００℃２分以上で加熱調理する、つまり揚げる、炒める、焼くなどの調理を行なう必要があります。仮に耐熱性芽胞菌が容器内で毒素を出している場合でも、毒素自体は加熱調理で失活されます。

タケノコの水煮

タケノコは、旬を迎えて直売所に出始めると、数が一気に多くなり、あっというまに価格はさがり気味となります。茹でタケノコにしても、売りにくい状態になることもあります。このため、農産物直売所の製品のなかでも、長期保存したいという希望が最も多い素材になっています。塩漬けやおから漬け、乾燥などさまざまな保存方法がありますが、比較的取り組みやすく、商品性が期待できる一次加工品では、水煮が知られています。

タケノコを水煮してから使いやすい大きさに切り、酢水（食酢５００gを水10ℓに溶かした水）をタケノコに浸透させるように炊きます。さっと茹でるのでなく、染み込ませるように炊くのがコツです。その後、ラミネート袋やビンなどで容器包装して密封し95℃で、30分加熱殺菌します。

地域によっては酢水でなく塩水を使うところもありますが、塩分でビン容器のふたの裏が腐食してさびるケースもあります。タケノコの発酵を抑え、容器の美観に影響しにくいという点では、酢を使う方法がよいでしょう。酢には食酢や酢酸の他、クエン酸を使うこともできます。

タケノコの水煮は地味な商品ですが、生のタケノコが売り場になくなった時期からよく売れる商品で、お盆や正月前の需要が急増する時期にまで商品をもっていると、価格の下落にも比較的左右されずに販売が続けられます。

山菜の塩漬けや水煮

フキやワラビ、ゼンマイは、下茹でしたり必要に応じて重曹を使ったりしてアクを除去します。フキやタケノコと同様に、酢水で容器包装できます。ワラビは酢水で保存できるほか、塩漬けする方法も知られています。ゼンマイは手揉みしながら乾燥させて仕上げていきます。

山菜を水煮や味付けして、ラミネート袋に入れた製品は、直売所などでも人気があります。国産素材としての希少価値と季節商品であることから県外への出荷が求められることもあります。

果実――コンポートやピューレで

夏から秋にかけて台風の襲来が予想される地域では、果物などを予定よりも1週間~数日前に収穫する、いわゆる「前穫り」が多くなります。これは、生産者にとって決して本意ではありません。しかし落果にしてしまうよりも、何とか生かしたいという思いでしょう。こうした少し味ののりが足りない状態の果実で甘みを強調する場合も、煮込み方を変えたり、酸味をアクセントに加えたりして、すっきりした味わいに仕上げる工夫はできます。

一方で完熟のおいしさが十分なものでは、その味わいを生かした一次加工ができますので、その後の生かし方も楽しみになります。

果物の一次加工品の多くは、コンポートやピューレなどになりますが、いずれも国産素材への需要は高く、衛生的な環境で下処理された製品は、業務用取引でも流通できます（写真3－2）。焼き菓子やゼリー菓子などの定番はもちろん、ケーキやタルト、パイといった焼き菓子の具材、ヨーグルトなど乳製品の具材としても使われます。また飲食物用では、料理のつけあわせのソースに使われたり、スムージーやカクテルドリンクなどの材料になります。

モモ、ナシ、リンゴは、基本的には丸のままで、常温もしくは冷蔵の状態の果実を解体処理して使います。これらの素材は、ていねいに皮をむいて種を除去した後に、色留めにビタミンCやレモン果実を加えたシロップなどで火を入れると、おいしいコンポートができます。これは丸のままでも、あるいは適宜カットしたサイズに切り分けても構いません。また、ジューサーなどで砕いた後に、裏ごしをかけて種と皮を除去しピューレにすることもできます。いずれも繊細な香りと色が持ち味ですので、ラミネート袋で脱気密封し、冷凍保存するのが最も安心です。

柿は、素材の状態が刻々と変化しやすいので、あまり完熟しすぎないうちに、ヘタと皮、タネを除去してミキサーで粉砕し、ビタミンCやレモン果汁を加えてラミネート袋などに詰めて冷凍保存すると、きれいな色がそのまま残せます。

亜熱帯果物のパッションフルーツやマンゴー、パパイヤ、グアバ、パイナップルは、いずれも丸ごとで冷凍すると、解凍時に崩れてしまいます。そこで、皮や種などを除去して、裏ごししてラミネート袋に詰めておくと、冷凍しても風味も味わいも残しやすくなります。

写真3－2　リンゴのコンポート

香酸柑橘は分解して冷凍保存

ユズやダイダイ（橙）、カボス、スダチなどの香酸柑橘は、果汁を絞って食材に振りかけるだけでなく、皮も果肉も使い尽くしたい素材です。玉出し出荷している、状態の良い個体を除けば、鮮度を保って丸のまま保存するのは難しいため、下処理した後に冷凍で保存するのが手堅いと思います。

まず、果汁を比較的多くとるには、収穫時期に黄色に完熟したものを使います。新鮮な青果を、沸騰した湯で丸ごと1～2分ほど茹でてから、二つに割って果汁を搾り、タネを除きます。果皮とワタ、果汁はそれぞれ別々にラミネート袋で密封して冷凍します。この時、果皮は茹でて苦みを調整します。また、ワタも用途に応じてミキサーで粉砕するなど下処理をしておくと、後々使いやすくなります。もちろん、こうした下処理の冷凍素材も販売用に使えます。ただ、いろいろな用途に広く使ってアイテムを増やすために、むしろ、果汁を使ったポン酢にしたり、皮と果汁に少量のワタのピューレでマーマレードにしたりすることをおすすめします。あるいは、加糖してピューレにすれば、料理やお菓子に使える調味材になります。皮については、甘露煮など形のあるものに使うためにあえて形状を残す人もあれば、苦みを除去した後に刻んでおく人もいるなど、保存方法はさまざまです。

温州みかんのピューレ

温州みかんなども、香酸柑橘と同様に、皮をむいて果肉を粉砕しますが、皮に苦みがあまりない時は、全体を合わせてピューレすると、素材を効率的に使えます。風味がたいへん良いポンカンや不知火、いよかん、清美などは、皮に苦みを発する成分を含むので、皮をむいてから下茹でした後に、果肉など全体を合わせてピューレにします。

クリは「むきグリ」で冷凍保存

クリは、大粒になるほど惣菜にも菓子にも向く素材として高級品になるものですが、意外に産地では有効に使える一次加工があまり進んでいません。加工利用が進まない一番の障壁は、皮むきです。クリの皮むきに向く良い機械がないかと、これまでにも探してみました。すると、韓国にうってつけの機械がありました。ちなみに韓国はクリをたいへん好んで食べるお国柄です。この機械は、鬼皮がついたクリをそのまま投入すれば、カッター状の刃が中で回転していて、鬼皮はもちろん渋皮もむかれた状態で出てくる便利なものでした。国産のクリむき機はたいへん値段が高いもので、産地で導入するには難があると考えて、韓国のメーカーの資料を取り寄せてみました。この機械を導入した九州の山間地では、「むきグリ」を冷凍保存し、一次加工品として販売す

写真３－３　クリの皮むき機
韓国製のクリむき機。処理能力は1時間に50kg。手のひらの左のものが機械にかけた後のクリ。問合わせ先：アプテジャパン（株）電話：045-478-4360

るほか、地元の加工品にも利用できるようになりました（写真3－3）。

　クリの加工品には、鬼皮だけをむいて、渋皮は残して煮ていく渋皮煮もあります。たしかに、下処理した一次加工品ともいえますが、手間と時間をかなりかけますので、費用対効果からみると、クリ資源を大量に手元で下処理したい場合などには、渋皮煮はやや不向きだといえます。

6 農産加工機械とはどういうものか

買うのに勇気がいる農産加工機械

シンプルでパワフルだがくわしい取扱説明書なし

一口に農産加工機械といっても、そのジャンルや目的によって多種多様なものが存在しますので、一括りにはできません。しかし、総じて複雑な構造をもつものは少なくシンプルな造りのものが多いといえます。新しい革新的な機器を除けば、基本的には熱伝導や熱対流、ろ過と篩過《しか》（篩《ふる》い分け）による分離、静置による比重差利用、熱膨張と冷却による収縮の物性変化を利用するものなど物理の法則を生かした機械です。

初めて農産加工機械を購入した人は、あまりにあっさりした説明書にびっくりするはずです。家庭用電化機器の取扱説明書（いわゆるトリセツ）なら、消費者保護の観点から機械の取り扱いや危険性への注意喚起などがていねいすぎるほどに書かれています。「トリセツ」に慣れた私たちからすると、業務用機械のそっけなさには愕然とします。機械の多くは長時間の稼働、大量の処理量を前提として設計された動力電源（一般家庭用は2本の電線で単相１０５Ｖの電流を供給するのに比べ、３本の電線で三相２１０Ｖの電流を供給できるもの。三相電源は回転方向の力を生むのでモーター類に向いている）によるタフな動力を生み出す構造になっており、パワーも家電とは違って大きいのです。取り扱いには危険性も伴いますが、取り扱い方を伝える点で、配慮があまり感じられないものが多いのは残念なことです。

性能を引き出す使い手の努力が不可欠

機械を購入すると、運送会社あるいは機械メーカーの自社トラックで直接もってきて、据え付けまでをやってくれるところが大半です。メーカーの責任者が立ち会って据え付けまでやってくれることもあり、一応の操作方法の説明はしてくれます。ただ、説明を動画に撮るとか、しっかりメモしておかないと、後々迷って困ることも出てきます。

概して農産加工機械のメーカーには、職人肌の社長さんが多く、各地の伝統的な特産品づくりをマシンで支えてきたという歴史をもつところもあります。計器メーカーなどのなかには、戦時中の工業技術からスタートした会社もあります。こうした創業時期の事情によって、特定の分野の機械メーカーが一定の地域に集中している、という場合もあります。たとえば味噌づくりの機械は、醸造関係の機械メーカーが多い阪神地区に、また計器や測定器のメーカーは中京圏に、農産加工が盛んな中部地区には、ジュース製造や下処理の機械を製造するメーカーが多い、という具合です。

導入した農産加工機械は、利用者が自分で工夫して使いこなすことが前提になります。これらのパワフルな機械を使って、どうすれば自分の求める加工ができるようになるのか、生かし方や使いこなし方を試行錯誤して体得するしかありません。場合によっては、今ある機械の使い勝手を踏まえて、自分でも工夫考案し、改良していくことになります。購入したメーカーに提案し協力してもらうことも必要になります。つまり、自分なりの取扱説明書を書いていくようなつもりで、加工機械の癖や能力に慣れることが第一だと思います。自分で選んだ加工機械を使って、原材料の状態をみながら作動させて、機械の能力を引き出そうとするところに、加工に携わる人の観察力とセンスが生きてくるわけです。苦労して、ようやく見栄えが良くおいしい製品が生まれた時には、「相棒の加工機器」にも感謝の気持ちがわいてくるものです。

稼働中の様子を現場で見てみる、先輩の加工所に相談すること

加工機械を導入する時には、現場で稼働している様子をみて判断するのが一番です。できればメーカーなどを通じて紹介してもらい、実際に作業中の加工所を訪ねてみましょう。稼働状態をみることや、作業にあたっている人の機械操作を知ること、自分でも体験しておくことは欠かせません。この現場体験が作業動線や機械の配置を考える際にも役立ちます。全体の施設・設備のレイアウトにもかかわってきます。

現地体験では、機械が稼働しているところだけではなく、後片付けがしやすいか、洗浄しやすいかということも見ておきます。一連の加工にかかわる作業時間の中で、機材の洗浄は、かなりの割合をしめています。ですから、見

落とされがちですが、後片付けや洗浄作業のしやすさは重要なポイントです。機械の構造からみれば、パーツや部品が分解できるつくりになっているかどうかということです（写真３－４）。シンプルで分解しやすい方が、最小単位の部品まで洗浄が可能になりますので、機械内でのカビや腐敗菌の繁殖を未然に防ぐことにつながります。また、機械の自主点検もしやすくなります。少量多品目の生産を短時間で行なうような場面で、分解と組み立てに時間がかかりすぎて、他の作業がストップしているようだと話になりません。

写真３－４　分解しやすい機器

　同じように、メンテナンスのコストや部品交換のコストも機械選びの際のポイントになります。

高額でも返品不可、事前のリサーチが大事

　大半の農産加工機械メーカーは、注文を受けてから機械の生産を行なうため、食品加工機器の展示会などで実機の稼働状況を確認することができない場合は、サンプル機を一定期間レンタルしてくれたり、稼働状況を映像化してＤＶＤを送ってくれたりします。その性能をみて購入を判断します。

　一般の家電製品とは違い、産業用の機械で、なかでも食品加工用は材質もステンレス製が多く、頑丈で耐久性も高いことから、かなり高額になります。しかも、基本的に一度購入した機械の返品には応じてくれません。機械のことをわかって注文書を交わすのが前提という業界だともいえます。

　私も初期に苦い記憶があります。高額を投じて購入した裏ごし機でした。ウメのタネを取り除く様子を映したメーカーの宣伝動画を見て、モモのタネ取りにも使えると思い導入しました。ところが、この機械は２００Ｖ用電源を使用しているのに、パワーが不足しています。メーカーに頼んでモーターを交換してみたのですが、すぐにモモのタネが詰まってしまう。柔らかく煮たモモを機械にかけているのですが、モモのピューレの粘度が高く、タネが

うまく落下しないので、タネもピューレも機械の中に溢れてしまう、そんな感じだったのです。あの宣伝動画は何だったのでしょうか。結局、この機械は柔らかいものの裏ごし用に使うことにしたのですが、それならばもっと小型で安価な機械もありました。金額からみれば、買い間違えもいいところです。やはり、工場内で実際に稼働している様子をみないと、自分の求める用途に合うかどうかはわからない、ということを実感しました。

歩留まり向上は機械と機械の組み合わせが不可欠

身近に農産物が豊富にあって、潤沢に素材を使える加工所などで起きがちですが、歩留まりがあまりよくない機械を導入しても平気でいるケースを時々みかけます。

ある果樹生産農家の話です。自家生産した果実を原料に加工していたところには、よその加工所がもたない特殊なジューサーで、クリアな果汁のみをビン詰めしてジュースにし評判を得ていました。そのうち、六次産業化の取り組みで、ジュース加工を受託することになり、地元農家の生産したトマトでジュースをつくりました。ところが歩留まりが低く、しかも製品にした後、ビン内での分離（比重が重い果肉が下に沈み、上には透明な果汁がクッキリと別れる）が激しい。なぜこうなるのかわからないという相談がありました。

使っているジューサーは、果汁よりも残渣の方が多く出る機械で、上澄み液のようなきれいな果汁だけしか搾れないものでした。相談を受けた時、この機械では、粘性のある果肉も混じった飲みごたえのある果汁の採取は難しいように思われました。

自家生産の果実を原料にした加工の場合は、極論すれば歩留まりはあまり考えなくてよかった。しかし素材を預かって加工する受託加工の場合は、原料野菜の量に対する製品歩留まりが低いことに対して、依頼した農家は満足できるでしょうか、大いに気になるところです。

歩留まりの向上を気にした加工、気にしなくてもよい加工と両方あると思います。どちらが正解とはいえません。クリアですっきりした味だけを追求するという加工所もあると思います。しかし、この加工所の場合、搾り汁で出る搾り滓には、皮やタネと一緒に、まだ果汁と果肉がたくさん残っていましたから、これを裏ごし機にかけてピューレをつくることは可能なはずです。素材の有効な利用という点では、もったいない使い方といえます。

つまり、農産加工の機械を使う場合には、一つの機械の性能で満足してしまうのではなく、他の機械と組み合わせて複数の作業を行なうことで、素材を十分に使いきることや違った生かし方の道も開けるのです。

素材状態に合わせて調整できること

農産加工は、素材状態に合わせて加工作業の中身を変えたり、工夫を施したりするのが普通です。加工機械もそうした臨機応変の対応が可能な、途中で加熱の具合を変えたり、微妙な調整ができるのが望ましいものです。しかし、なかには一度スタートボタンを押したら、出来上がるまで製品の途中チェックはできないか、難しいものを時々みかけます。

こんな実例があります。九州のとある会社が食品乾燥機械の試作品を製作しましたが、それを格安で放出すると いうのを聞いて、譲り受けた人が、農産物の乾燥を行なう受託加工事業を始めました。この機械は、新機軸を盛り込んだ大きな密閉釜をもち、高温高圧で乾燥を行なう仕組みになっていました。精密なセンサーと計測機器が工程を管理し、手間がかからない、「一度素材を投入すれば、あとは仕上がるのを待つだけ」の全自動式という触れ込みでした。私は、最初にこの機械を見た時、工程の途中で機械を開けて素材の乾燥状態を全く確認できないことに違和感を覚えました。作業中は人の手が介入できる余地はなく、出来上がりまでは、どうなっているかわからない、いわば「ブラックボックス」ともいうべきものをもつ機械でした。農産物の乾燥加工としては、フリーズドライではない高温乾燥です。私は素材にとってダメージが大きい可能性が高いとみたわけです。

農産物の受託加工では、原料となる農産物の糖度や水分状態が、常に一定とは限らないものが持ち込まれるのが通常です。乾燥加工の場合も、一定でない素材に手間をかけて調整し、同じ品質に仕上げるのに多少の工夫を要するのが一般的です。

果たして、この乾燥機を使った受託加工の取り組みはうまくいきませんでした。営業を始めるとすぐに、顧客から「熱が通りすぎて焦げている」「バラバラの乾燥具合で歩留まりが悪い」といったクレームが相次ぎました。事業はすぐに停止し、再開できませんでした。

この他にも、ジュースの製造工程でアク取りができない製造装置、定量充填機なのに正確に計量できない機械、特定のラミネート袋を購入しないと作動しない真空包装機などの例があります。

どうしてその機械を選んだのか、人に説明するのも恥ずかしいような、性能が発揮できない機械には近づかない方が賢明です。手軽で一見良さそうにみえる機器には、注意が必要です。

パワフルな機器を選ぶ 作業に余裕を生む

加工機械の選択では、「パワフルな機器を選択する」ことが大事です。導入する時には高価な買い物にはなりますが、加工作業に余裕を生むことは大事です。原料の鮮度状態を維持して、短時間で加工作業をこなすことにつながるからです。小さな加工所の場合は、スペースの制約ということもあり、どうしてもコンパクトな機械を選択しがちです。しかし、加工所が年を経るにつれて、生産量が増えていくことも想定しておくべきでしょう。そうした時に向けて、小ぶりな機械でフル稼働した時に、どのくらいの処理能力を発揮できるのかを理解しておくことは大事です。

とくに相談で多いのは、味噌加工の際の大豆を破砕する機械（ミンチ機）です。手回しミンサーのように3万円以内で購入できるものもあれば、家庭用電源で作動するミートチョッパーから、味噌こしにも使える100万円以上する機械もあります。大豆を潰す工程は、麹と混ぜ合わせる温度管理にも密接に関係することからみると、できるだけ早く潰すのが理想的です。しかし、全体の味噌の製造量にもよりますので、機械の価格と製造量のバランスをとって選択していくと、間違いはないかと思います。

熱源には余裕のあるものを。作業性、コストからもボイラーがおすすめ

加工所の熱源には、ゆとりがあるものを選びたいと思います。たとえばジャム加工を行なう場合には、小さな加工所で作業する場合でも、ジャムを煮込む鍋と、充填の前後にビンを殺菌したり、脱気したりする蒸し器や鍋が別に必要になります。二つの熱源が必要です。

そうした場合の熱源はボイラーをおすすめします。冷凍の原料を解凍して煮込む場合を例に考えてみましょう。ガス火に鍋をかけて冷凍原料を入れると、火が直接当たるところから熱伝導により鍋を温めますので、強火で一気に炊くと、溶けた部分の果汁が少ないので、焦げつく可能性があります。そして素材を解凍しながら煮込むような場合は、総じてガス火力では煮上がりが遅くなります。これに対して、ボイラー蒸気を使う二重釜だと、釜の下半分を覆うジャケットが一斉に加熱されるので、冷凍原料を加熱する場合でも圧倒的に煮上がりが早くなります。またガスと違って全体が均等に加熱され、

焦げつく心配がありません。

また釜の温度が上がってくると、釜の中の熱の対流の仕方でも、ガス火とボイラー蒸気とでは若干異なります。ガス火の場合、縦方向に熱の対流が起きやすく、熱の循環が均等にならないことがあり、豆を煮る時の「芯煮え」（芯が堅い豆）の原因になります。ジャムなどの場合も、ガス火は蒸気よりも温度が高いため、焦げやすく、水分蒸発もより早いとみてよいでしょう。

そして、一般的に燃料コストの点からみると、本書を書いている今現在の時点ではプロパンガスよりも灯油や重油を使用するボイラーの方が経済的だといわれます。エネルギー資源に乏しい日本では、農産加工で化石燃料ベースの燃料を使い続けることにはさまざまな意見はあります。ただ、一部の火山の周辺地域のように、地熱発電でまかなえるような地域を除けば、日本のエネルギー環境に左右される状況は一般家庭と変わらず、これは仕方がないことだと考えています。

知っておきたい加工情報❻　機械の型式番号

裏ごし機（パルパーフィニッシャー）をめぐる私の体験です。買えば高額な裏ごし機を、無償で譲り受ける話が舞い込みました。ユズのペーストを製造している知り合いの加工所の隅っこで、長年使われずに放置されていたものです。ちょうど私の加工所では、同種の機械の機材トラブルで悩んでいたころで、飛び上がるほど喜びました。受け取りに行った日、そこの加工所の人たちに聞くと、なんでも10年以上も前に農産加工の事業をやめた、隣県にある加工グループから流れてきたもので、それを譲ってもらったのだとか。取扱説明書を見ると、この裏ごし機はY社という兵庫県のメーカー製のものでした。さっそく持ち帰って使ってみると、たいへん動きは良かったものの、部品はいますぐにでも交換が必要そうでした。そこで、Y社にその旨を電話してみると、「おお！　そうですか。久しぶりに在り処がわかりました」と嬉しそうな声。その翌週には、さっそく営業マンと社長さんが私の加工所にみえました。嬉しそうに語る二人の話では、私が聞いたいきさつと同じで、初めは隣県の農産加工所に納品したが、そこが廃業した後はずっと行方知れずで、10年以上経過していたそうです。手がかりは私が電話でY社に伝えた機械の製造番号。これでY社としては、この裏ごし機の消息が久々につかめると同時に、新オーナーとしての私を顧客情報に加えたわけです。メーカーは、製造番号さえあれば、どこまでも消息をたどっていけることを、あらためて実感。そればかりでなくメーカーとは、出来上がった機械がどう使われるかに、よくよく気を配るものであることもわかりました。稼働後の具合や改善すべきところを、メーカーとしても知りたいのだそうです。この出来事以後、メンテナンスしながら使っているおかげで、このY社との関係も深めることができて、いい出合いになりました。

パルパーフィニッシャー

7 ラベルと表示の考え方

食品表示法に基づく新表示に完全移行

２０１５年に食品表示法が施行され、それまで「食品衛生法」「ＪＡＳ法」「健康増進法」のそれぞれに規定されていた表示方法が一本化されています。この食品表示法は、5年間の猶予期間を経て２０２０年4月に完全移行しています。食品表示は、消費者基本法による政策の一環として国の制度に基づくものになりますが、表示法自体はこれまでと同様、食品流通業界の声や専門家の意見などを加味して、消費者の権利を保護し、より安全・安心をもたらすために、変更や追加の措置が今後とも続くと思われます。

食品表示法では、最低限必要な要素を漏らさずに表示することが必要となりますので、今後はそれぞれの加工所の中でも、食品表示について常に情報や知識を更新して対応できる仕組みをつくっておく方がよいと思います。大手の食品メーカーではすでに実施されていますが、とくに民間団体が実施している食品表示に関する検定制度などをみんなで積極的に受験するなどして、加工所のスタッフの意識の中でも、食品表示についての関心を喚起することは有効だと思います。

自主管理が基本、保健所の講習会も大事

食品表示法は、２０１８年6月には、改正されています。この改正により、地区の食品衛生行政をつかさどる保健所の、事業者に対する姿勢が少し変わってくるでしょう。具体的には、これまで、保健所は「検査してチェックして許可を下す」という姿勢でしたが、これからは、「事業者の自己衛生管理で日常的にしっかりやってください」という姿勢に変わり、これが基本になるというものです。たとえば、既存の食品製造業許可の更新などを行なう場合も、食品衛生に関して優良な取り組みを行なう事業者は、更新期間を延長

できることなども盛り込まれるケースがみられるようになりました。保健所や県庁の食品安全担当部署が開催する食品衛生の研修会やセミナーに参加することも大事です。これらの受講状況が、その事業者の日常的な衛生管理の取り組み姿勢を評価する要件に反映されるからです。評点欲しさに行くというよりも、毎年新しい食品衛生に関する情報を得ることを目的に、こうした勉強の場には積極的に参加することが大事だと思います。

食品表示は「自分を点検するもの」「自らを守るもの」

過去には食品表示ラベルを、県の普及センターや市町村の職員がつくって印刷までしてくれるという例がありました。今回の完全移行にあたっても、そのまま従来の習慣を続けるところも時々みられます。しかし、つくってもらっていた表示ラベルの内容に間違いがあればどうでしょうか。あるいは、調味料に関する情報が正確に伝わっておらず、添加物やアレルゲン物質を含む表示が漏れている場合にはどうでしょうか。いずれも加工所の責任なのです。食品事故が起きた場合には、なおさら責任を追及されます。自分で作成する場合でも同様で、あまり深く考えずに作成して事故が起こって、「表示さえしてくれれば食べなかったのに」と言われることのないようにしなければなりません。

昨今、農産加工品も商談会などで販売促進を図るチャンスに恵まれるようになりましたが、その場合に商談用ツールとして前もって作成する機会が多いFCP（農水省のフード・コミュニケーション・プロジェクト、フードチェーンにかかわる人の交流と人材育成支援事業）の展示会・商談会シートでは、既存の商品について商談を行なうために、商品のサイズや1箱の入り数、納期などを記載しますが、なかでも「商品の写真」や「生産・製造工程のアピールポイント」といった項目は重要視されています。こうした場で食品表示ラベルの記載内容に不備があると、商談は不成立になる可能性が高くなります。

生産・製造工程のアピールポイントに書いている製法が、果たして食品表示ラベルの賞味期限に見合うような安全性を守れるのか、あるいは加熱殺菌温度に見合うような保存方法が記載されているか、などもチェックされます。商談会というのは、販売店や商社などが商品を手にして、市場流通できるかを判断するところです。日頃さまざまな商品をチェックしている彼らの目からみて、疑問に思われないだけの内容にしておかねばなりません（図3

栄養成分表示（1本（350 g）当たり）	
熱量	150 kcal
たんぱく質	1.8 g
脂質	0.4 g
炭水化物	35 g
食塩相当量	0.01 g
この表示値は、目安です。	

栄養成分表示（100mℓ当たり）	
熱量	150kcal
たんぱく質	1.8 g
脂質	0.4 g
炭水化物	35 g
食塩相当量	0.01 g
数値は日本食品標準成分表を用いて計算した、推定値です。	

図３－１　栄養成分表示例
「食品表示法に基づく栄養成分表示のためのガイドライン」より

─１）。

「記録」が加工所の重要作業に

　２０２０年以降は、すべての食品加工所が、衛生管理手法であるＨＡＣＣＰ《ハサップ》（Hazard Analysis and Critical Control Point）にもとづいた衛生管理を実施することが義務化されています。農産加工の現場にも、確実にそれぞれの現場に合わせて衛生管理を意識させ、それを日常の取り組みにさせようということだと思います。

　食品表示とこうしたＨＡＣＣＰの考え方は、実は密接なかかわりがあります。いずれも、加工品の製造工程に関する情報をこまめに記録していく、という考え方が共通ベースにあります。食品表示ラベルにおける原材料、原料原産地、保存方法の欄に相当する内容は、それぞれ「原料の状態がどうであったか」「どういう産地のものだったか（プラスしてどういう栽培方法だったかもあるとなお良い）」「どういう加工方法で製造されたのか」ということをベースにしており、これらはＨＡＣＣＰの考え方を取り入れる際に欠かせない「記録」をとるということと密接に関連します。

さまざまな決定や判断に根拠が求められる時代に

　たとえば「漬物」のなかでも「保存性の低い漬物」に含まれる「白菜の浅漬け」の場合を例にとると、ＨＡＣＣＰでいうところのＣＣＰ（重要管理点。食品の安全性おびやかす要因を防止、排除、もしくは許容できるレベルにまで低減するために管理すべき工程）は、「原料の洗浄」工程にウエイトを置かれることが多くなっています。つまり、どんな白菜でどんな洗浄を行なったか、という原料受け入れの時点を、最も重要な衛生管理点とみなしているわけです。ここでの製造工程中の記録がないと、後々何か事故が生じた場合、どういう原材料を受け入れたのか、どういう洗浄を行なったのか、というバックデータと照らし合わせができません。

ジュース加工やジャム加工の場合には、炊き込み温度や充填前の工程がCCPとみなされるケースがあります。微生物の繁殖を防ぐためには、pHや糖度の管理などもありますが、やはり「殺菌済みの包装容器に、熱々を充填する」という基本を大事にしているかどうかが、問われるわけです。ここでは充填前の殺菌温度と時間の記録をデータとして保持しておく必要があります。このように「記録」をとることがこれまで以上に重要となります。

食品表示に限っていうと、「栄養成分表示」では、根拠となる数値の求め方として、次の三つがあります。

①検査機関に依頼しての実測値
②自分で計算した計算値
③類似の商品にあたった参照値

検査機関に出す場合は、一見簡便なようでいて判断を誤ることもあります。ある期間のデータだけで、栄養成分を決めてしまってよいのかという問題です。時期によって栄養成分に変化のある果物などの場合、特定の期間に収穫した原料で製造した個体だけを検査して、その商品に記載する数値を決めてしまうのは、実態を必ずしも正確に反映していない可能性があります。ですから参照値か推定値であることを明記する必要があります。こうした実測値の場合も、検査機関のデータを複数もっておくことをおすすめします。どういう判断でこの数値にしたのかという根拠が問われるからです。

賞味期限の設定についても同様です。どういう根拠でこのように設定したのか、やはり根拠を提示するように求められる可能性があります。きちんとした説明ができるだけの材料をデータとして準備しておかねばなりません。

8 価格を設定する

価格の設定は、加工者の相対的な感覚で

　商品価格の設定には、いつも気を遣います。とくに、加工を始めた最初のころは、「この値段で売れるの？」「もっと安くないと売れないのでは」という周りの声を聞いて、価格を引き下げようと思うこともあれば、反対に「このくらいはいただかないとやる意味がないよ」「計算してこのくらいの利益はのせないと赤字になる」という周りの声を聞いて価格を引き上げようと考え直すこともあったりして、結局どちらも正しい意見だけに、自分では判断ができなくなったという声も聞こえてきます。

　おそらく「自分はこの値段で売る」というよりも、「この値段だったら商品は売りたくない」という金額の方が、誰しもハッキリと提示しやすいのではないかと思います。これは商品を売ってもよいとする最低金額だけでなく、上限の価格（高く売れるとして幾らくらいならば妥当と思うか）も意識することにもつながるので、おのずとその商品について考えている価格帯が輪郭をもってくるようになります。

　こうして考えると、価格帯というものは、その下限～上限を加工する本人がどう捉えるかによって異なるという相対的な性格をもつことがわかります。同じような品質のジャムやドレッシングがあった場合、それを高く売る人もあれば安く売る人もいます。高く売る人は、ジャム本体の品質はもちろん、お土産品にできるような質感の高い商品ラベルや包装を心がけていて、人にあげたくなるような魅力を意図的に付加しています。そして最初から販路を広げることを意識しているから、流通にかかるコストも見込んだ単価設定をしています。

　反対に手軽に買ってもらいたいということで、あえてラベルデザインも簡素化して、余計なコストを省いていく人もいます。この場合は、そこまで高

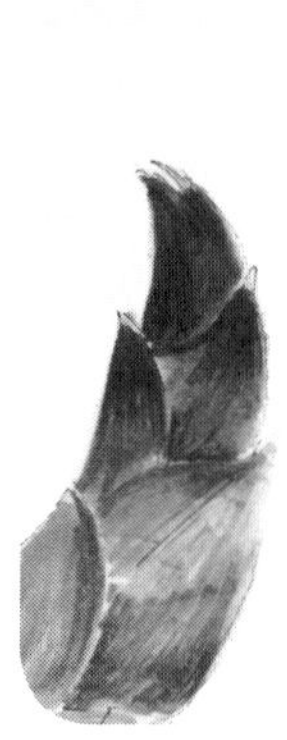

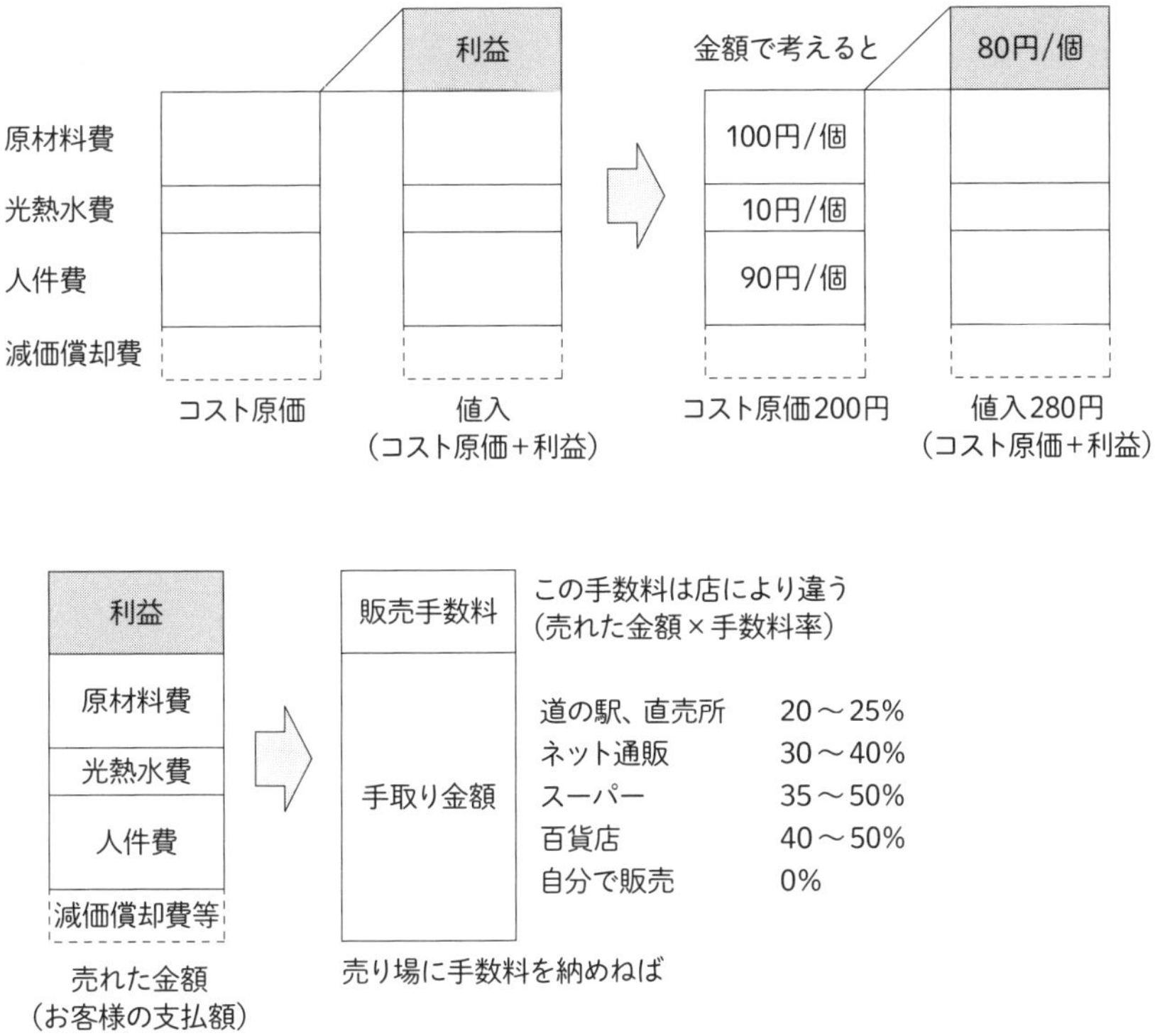

図３－２　原価と利益の考え方

く単価設定をするのではなく、一般の商業流通に乗せることも想定せず、どちらかというと対面販売や直販の形でお客様の手に渡る売り方が適するのかもしれません。

委託販売でも卸売りでも利益が出る価格を

通常、商品価格は原価計算に基づく「製造原価」（原材料費、光熱水費、人件費、減価償却費等）に、利益を乗せた価格が「値入《ねいれ》価格」ということになります（図３－２）。「値入価格」に込めた利益は、できれば丸ごと手に入れたいというのが本音です。

一方、商品販売においては、販売者側と定めた価格（掛け値）で商品を売り渡す（いわゆる「卸し」）場合もありますし、反対に多くの農産物直売所でみられるように売り場に販売を任せて、売れた実績に基づいて定められた販売手数料を渡す（いわゆる「委託販売」）場合などがあります。
ここでは委託販売のケースに沿ってみてみたいと思います。販売手数料は、販売者側が一律に決めていることが多く、たいていの場合は販売価格に対して何割とされることが多い。つくり手にとっては、利益に対する割合ではなく、売上げ額に対する割合である点が、重要です。委託販売手数料の割合は、地域の農産物直売所で15～20％くらいに設定されることが多く、他地域からの持ち込みの商品には若干上乗せして設定されているケースが多いようです。また、加工品や冷蔵品については20～25％くらいに設定されることが多いように思います。販売手数料は、販売金額から差し引かれて、残金が出荷者に支払われることになります。それ以外の販売、たとえば加工品を販売店に卸すような場合で、スーパーなどの場合は、30～40％程度、百貨店の催事などの場合は30～50％程度、高速道路ＳＡや人気のある観光地の土産物売り場などでは50％を超えるケースもみられます。

こうした卸値のあり方をみて、そこまで手取りが減るならば出荷しなければいいという声もありますが、実際に出荷する人は結構います。食品加工メーカーの場合は、数を売って利益をカバーするのかもしれません。農業生産者の場合は、その後のギフト商品などへの注文を獲得するための、営業コストとして割り切っているケースも多いと思います。こうした卸販売では、「原価」を割り損してまで売ることは長く続けられないので、利益を極端に抑えながらも、多少の利幅はとれる価格設定を努力して行なっているのだと思います。

「原材料費×3倍」の考え方

農産加工の標準的な価格設定では、以下のようにして目安となる金額を算定することがあります。

①「原材料費×3倍」程度を標準的な価格とみていきます。つまり100円の原材料費のものであれば、価格を300円にする、という考え方です。この場合は原材料コストが製品価格にも影響することになりますので、単に製造コストが上がったから、というだけで価格を設定すると、売れそうな価格との乖離が生じます（図3－3）。こうしたことから、実際に設定しようと考えている価格帯を目指すには、原材料コストを抑えていくことが大事になります。

②上記の「原材料費」には、使った野菜や果物、調味料などのコストは当然かかるとして、容器包装の資材コストやラベルシール代まで含めるか

どうかは判断次第です。

たとえば、商品1個あたりの原材料費40円、包装資材とシールで20円とすると、

ア、原材料費のみ

40円×3倍＝120円

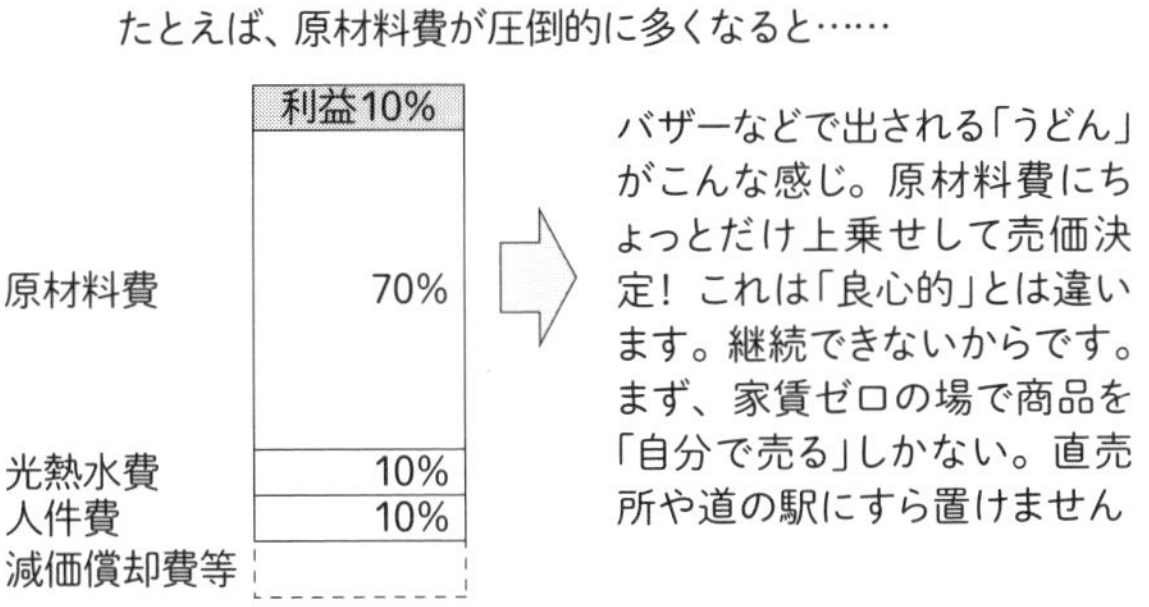

たとえば、原材料費が圧倒的に多くなると……
利益10%
原材料費
70%
光熱水費
10%
人件費
10%
減価償却費等
バザーなどで出される「うどん」がこんな感じ。原材料費にちょっとだけ上乗せして売価決定！ これは「良心的」とは違います。継続できないからです。まず、家賃ゼロの場で商品を「自分で売る」しかない。直売所や道の駅にすら置けません

図３－３　原材料コストがかさむと利益が出ない

イ、原材料費＋包装資材・シール

（40円＋20円）×3倍＝180円

となって、全く違ってくるからです。

これをどうするか悩む人もいて、時々相談が寄せられますが、私は包装やラベル貼りに手間がかなりかかるような場合には、イを、手早く済む時はアを、というふうに個別の商品ごとに判断できると伝えています。

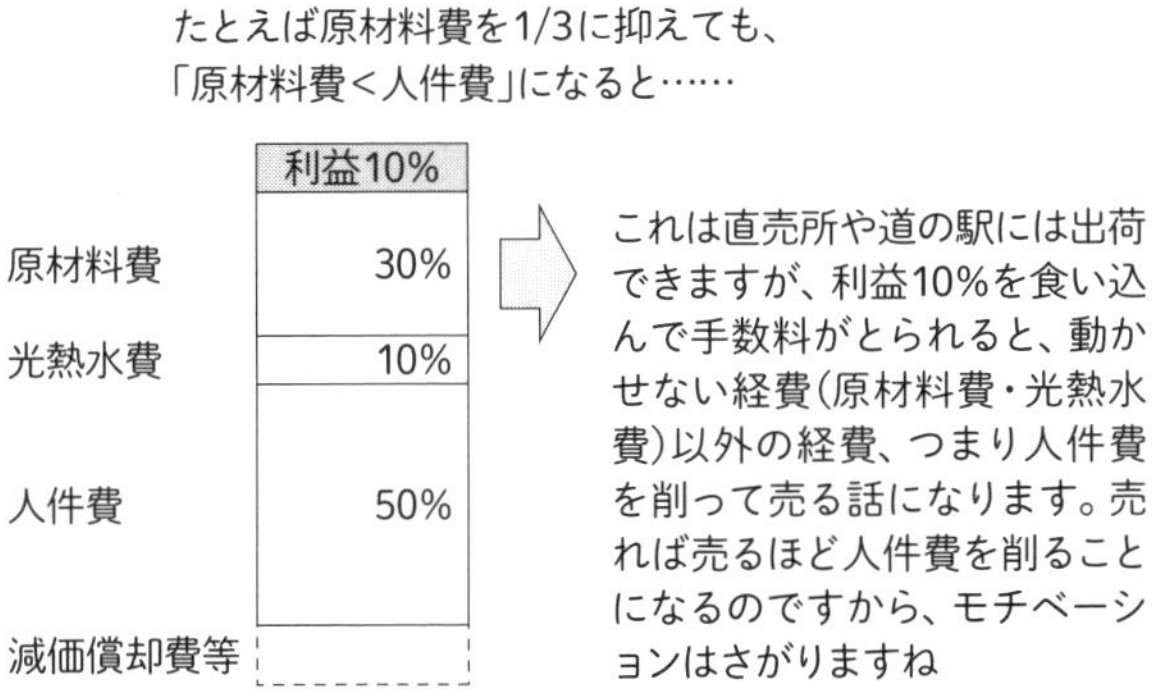

たとえば原材料費を1/3に抑えても、
「原材料費＜人件費」になると……
利益10%
原材料費
30%
光熱水費
10%
人件費
50%
減価償却費等
これは直売所や道の駅には出荷できますが、利益10%を食い込んで手数料がとられると、動かせない経費（原材料費・光熱水費）以外の経費、つまり人件費を削って売る話になります。売れば売るほど人件費を削ることになるのですから、モチベーションはさがりますね

図３－４　手間がかかりすぎると利益を圧迫

③「人件費」は、自分の手間賃はもちろん、手伝う人の手間賃も含めますが、商品一つあたりの「人件費」が、商品一つあたりの「原材料費」を大きく上回るようになると、たとえば比較的取り組みやすい直売所への委託販売でも販売手数料が20～25％くらいなどは結構あるので、「直売所に出しても儲けが出ない」という可能性も出てきます（図3－4）。人件費は、出来上がった商品の数量によっても大きく変わるので、同じ労力を投じて、できるだけ多くの生産物を生み出せるような製造の体制づくりが何よりも大事になります。

運送コストを見越した商品設計

小さな加工の仕事を、運送面から後

押ししてくれるのが宅配輸送のサービスです。地方の加工所の商品を、お客様の手元に届けることが可能だからこそ、こだわりのある商品づくりを目指すことができるのですから、こうした宅配輸送サービスの存在は極めて大きいと思います。

しかし近年は利用料金が上昇の一途にあります。宅配輸送サービスの料金を節約しながら活用することが、大事な商品設計の要素になってきました。

私がかかわった事例でこういうことがありました。九州内のとある離島で民泊をしている家でした。観光地として知られる港町で、目の前の沖合から、ご主人が漁でとってきた魚を、奥さんが料理してお客様に提供するという漁師民泊です。離島の物産振興の常なのですが、とても品質の高い加工品をつくっても、それを島の外に販売するには輸送コストがかかる。最も利用しやすい船便は、天候に左右されやすい、船便のある時間にしか出せないという搬送の制約があります。また、この漁師さんの場合は、加工品として「ひじきの炊き込みご飯」を商品化したいといって試作を始めましたが、トレーパックにしても、おにぎりにしても、容器包装後に殺菌を行なう加工品ではないので、日持ちのいい商品とはなりません。宅配で欲しいというお客様にもそのまま輸送すると保冷便での輸送コストはかなり高くなってしまいます。そこで、輸送コストを安くしてコンパクトな商品にすることに軌道修正し、「ひじきご飯の素」という製品にすることにしました。「ご飯の素」ならば、容器包装後に加熱殺菌ができて、重量も軽くなります。島中の直売施設に置いてもらうこともできますし、お客様もこれなら一人で2~3食分、あるいは5食分のセットでも買ってくれるようになります。民泊で食べる料理をイメージしながら買った人が自分の家で再現できるものであればいいわけです。こうして商品化の方向性を決めて製品づくりを始めていくことになりました。

こんな加工室・あんな加工所

台所を改修して、ジャムとドレッシング製造の加工所へ
（ヤスタケファクトリーの加工室）

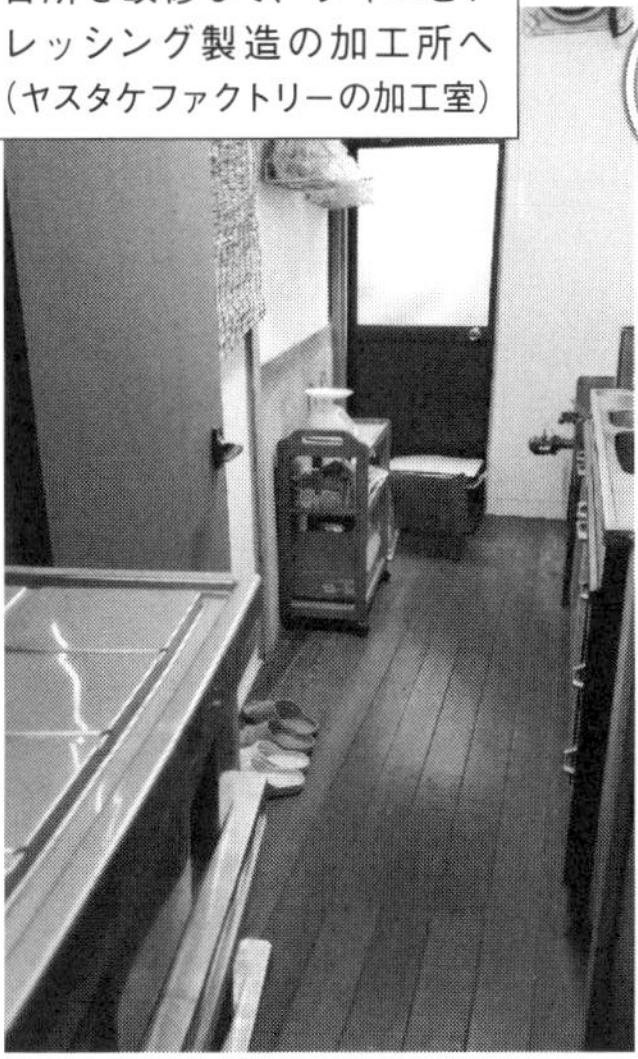

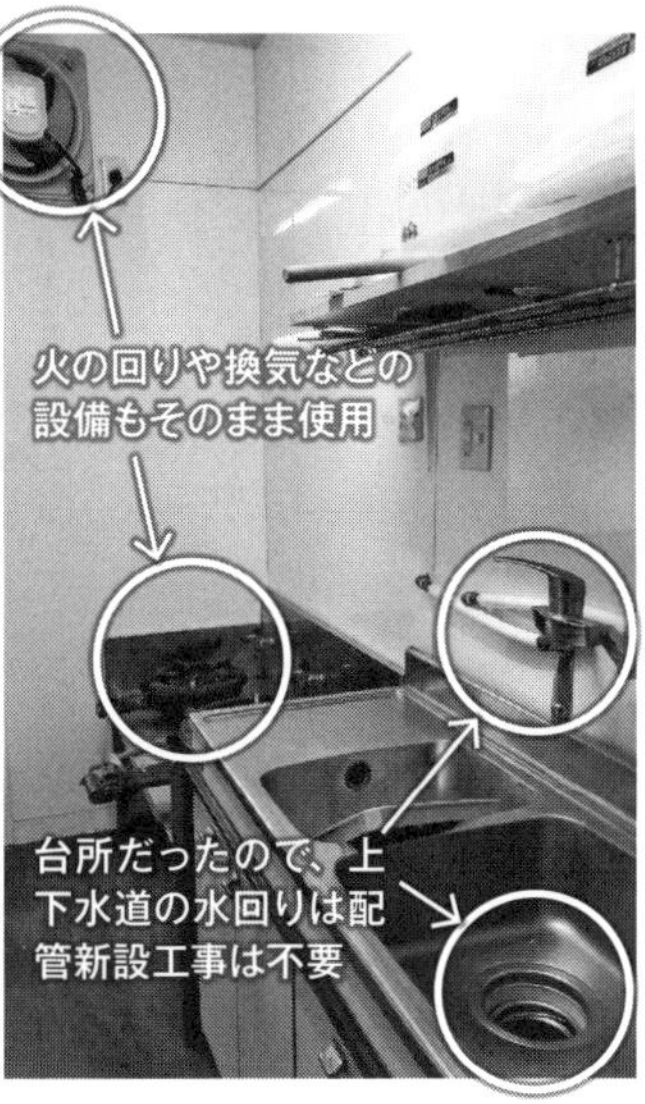
火の回りや換気などの
設備もそのまま使用
台所だったので、上
下水道の水回りは配
管新設工事は不要

流しに長いシンクがあり冷凍作業などもできる広さをもつ台所だった

コンニャクづくりのための加工室
（蘇木さんのコンニャク加工室）

スペースを考えて熱源、シンク、作業台での作業が左右に動くだけでよいようになっている。コンロの上にフードをつけ、手洗い設備や壁の塗装にも気を遣った

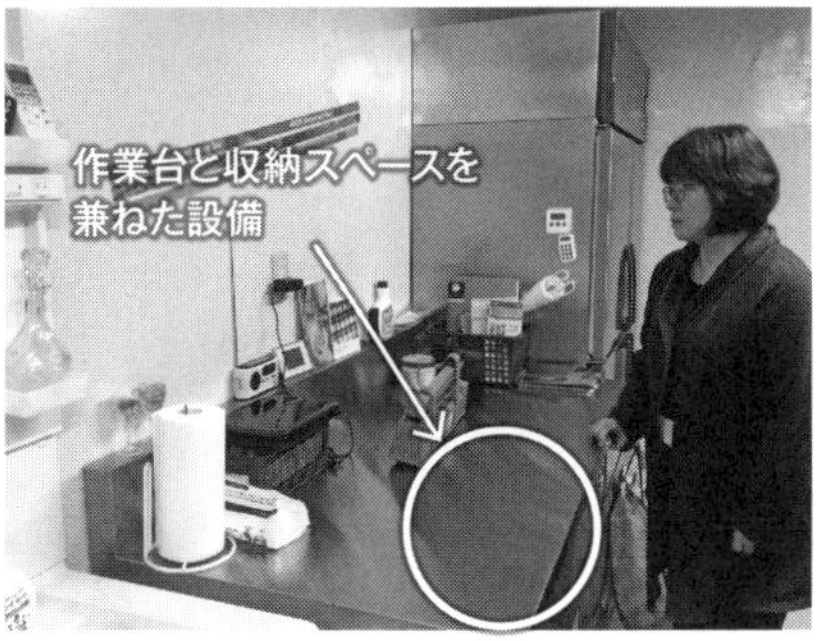
作業台と収納スペースを
兼ねた設備

コンニャクづくりをしたいという一念で専用の加工室をつくった

農家民宿を営むかたわら敷地内にコテージのような独立した加工所を設置
（むぎわらファーム）

コテージ風の加工所。窓をなくし、出入り口を大きな透明の一枚ガラスにして明かり取りに

加工所の内部

古民家レストランの庭に加工所開設
（「街道カフェ　やまぼうし」）

退職後に古民家を入手して庭で養蜂のかたわら裏の畑で栽培した素材を使ってレストランを経営。古民家の庭に加工所をもち、一次加工しながら素材を生かすメニューを工夫している

加工場の内部

古民家を利用したレストランの庭に開設した加工所
農具小屋の一角を改築して4.5畳くらいの加工室にしている。写真手前には養蜂のための巣箱がみえる

〈既存の大きな加工施設をコンパクトにまとめたケース（2例）〉

町の設置したミネラルウォーターボトリング工場跡を惣菜・菓子・弁当の製造施設にして加工で起業する人たちの共同利用に（福岡県の添田町物産品開発室）

大きな工場建屋の中に、コンパクトな箱をつくるようなイメージで加工室を整備した

ボトリング工場時代の搬送台とラベラーなどの施設

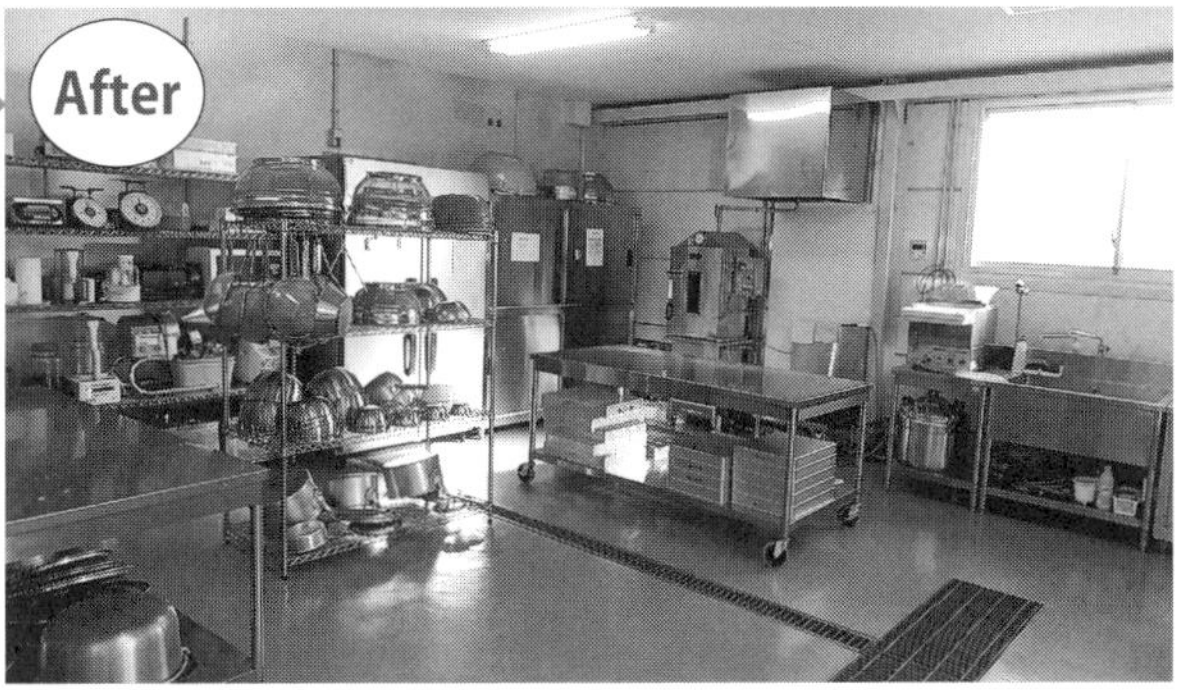

天井を張り、ボードの壁をつくり、シンク、フード、排水溝を設置。作業台、資材棚を設置し、冷蔵庫・殺菌機などの機器を導入している

町の大型施設を小さく仕切って使い勝手よく（島根県美郷町の加工室）

町が特産品開発のために開設した加工所は当初の設計が大きすぎた。ボイラーのランニングコストや補修費がかさみ、作業動線が長くて動き回らねばならない感じで、作業者の負担にもなっていた

当時の施設では区切りが設けられていない構造で保健所の更新許可が難しいと聞き、広い加工所を壁で仕切り、複数の小規模な加工室に改築

使い勝手が良くボイラーもコンパクトで済むようになった

私の場合の加工所建設　蒸煮釜の設置工事
（職彩工房たくみ農産加工所）

私の加工所ではジュース製造に蒸煮釜を設置した。ライン経由でビンに充填できるように設計したが、釜の位置が低すぎることが判明。急遽床の底上げ工事を行なうことで、事なきを得た

完成時の蒸煮釜と充填システム
釜の設置場所を底上げしてパイプ搬送ができるようになっている

釜を設置する場所の底上げ
釜の設置場所を底上げするために資材を上積みし、排水溝を変更するため新たに溝をきっている。隣の部屋への通路の仕切りは吊り戸にし敷居をつけない

底上げが済んだところ

加工施設のレイアウト
——全体の作業を見通せて洗浄と移動が容易

これまでかかわってきた加工所の設計・レイアウトの経験では、基本的に1〜4人体制で製造を行なえるスペースをもち、コンパクトながらしっかり仕事ができる施設を目指しました。

施設内レイアウトや機材の選定も、加工所づくりを目指す本人と一緒に行ないましたが、できるだけ全国各地の農産加工を行なう知人・友人のもとに連絡し、実際の施設・設備の使い勝手の良さなども取材して計画に生かしました。

もちろん私の加工所も稼働したのちは、小さいながら、作業を行なうスペースについては不便さをあまり感じさせないものができました（図3−5）。さまざまな作業を行ない一日過ごしているわけですから、使いにくさが原因でストレスがたまるような要素はできるだけ除いた方がよいと思います。

作業進行を全体で把握できる

すべての作業者同士が、互いの作業進行の具合、全体の状況をわかっているようにしておくことが大事です。お互いに一目で見て作業状況の確認ができる、見通しの良いレイアウトが望ましい。たとえば〝田の字〟のようにレイアウトすれば、相互の作業が確認しやすいわけです。あるいは、原料の洗浄と、原料を一つずつ確認し不要な部分を削り取るなどの細かい作業である調製、さらにその後の材料を切り揃えたり搾汁したりといった下処理の作業は、連続・並行で進めることが多いものです。洗浄・調製・下処理のなかでは、原料調製のペースが遅れがちになりやすく、それが全体の遅れになるので、必要に応じて調製作業にあたる人数を増やして、一時的にこの工程の作業量を増強することも必要になります。

反対に〝目の字〟のように、各部屋の中に入って独立した作業しかできない、作業者がこもりがちになるレイアウトだと、それぞれの様子がわかりにくいと思います。

清掃作業がしやすい

加工機械や道具の洗浄は、当然毎日しっかりと行ないますが、作業所の壁一面に散った果汁の飛沫や、果肉の断片も残らず洗浄する必要があります。私の加工所でも、当初は内壁の高さ1・5m前後までを防水塗装にしました。ところが、実際に加工がスタートすると、この程度の防水塗装では不十分で、搾汁室では果汁が天井やドアの

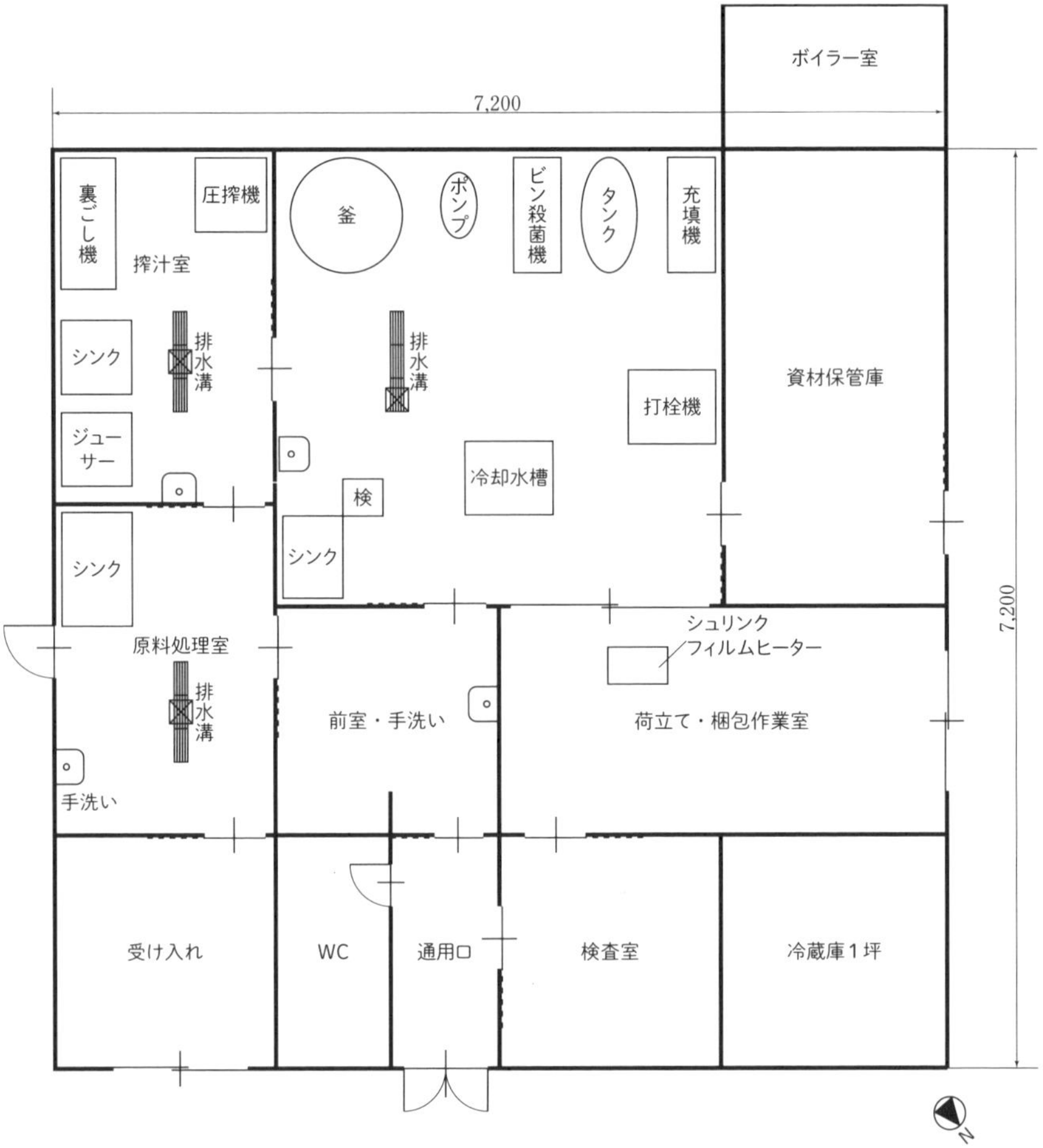

図3－5　加工所のレイアウト（職彩工房たくみの場合）

桟の上にまで、また他の部屋の壁にも跳ねて付着していることがわかりました。付着した果汁はそのまま染み込んで永久に残るシミになりそうでしたし、カビの温床にもなりそうでした。このため急遽、施工会社にお願いして、防水塗装をすべての壁から天井にまで全面に施工してもらうことにしました。このため、シャワーと洗浄スポンジで、壁面から天井まで直接汚れを洗い落とすことができるようになりました。

　このように加工所の壁や天井に飛び散る果汁や、鍋の沸騰時に飛び散る飛沫は、そのままにしておくのではなく、染み込まないうちに洗い落とすことが大事です。他の地域の加工所を訪問すると、この塗装に替えて、

写真3−6
床に敷居のない
吊り戸

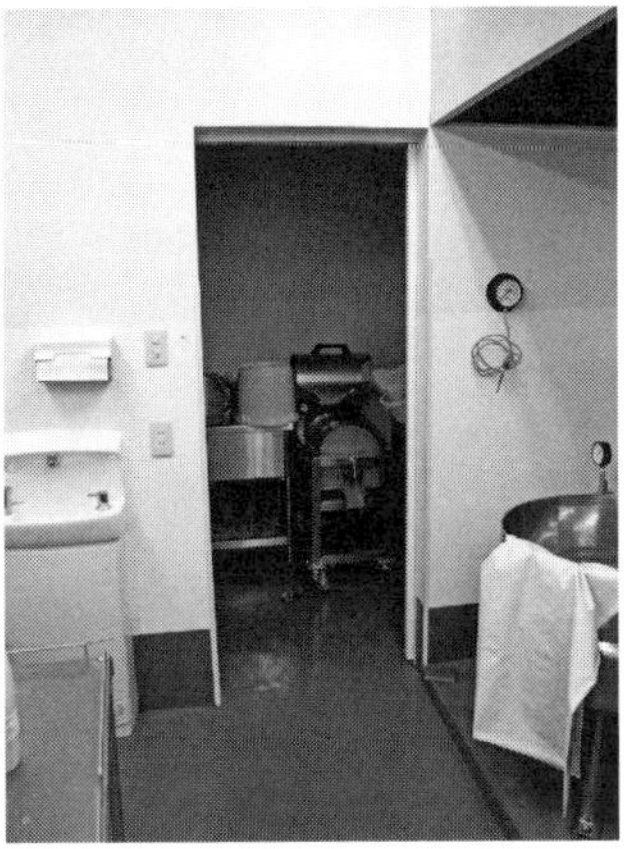

写真3−5
出入り口は吊り扉
にした

ステンレス板を床から1mの高さのところまで貼り並べている例もありますが、この場合も果汁による壁の汚れを洗浄できるようにするために、防水塗装面を天井まで広げることをおすすめしています。

加工所内の仕切り方

加工作業では、原料素材や加工機械を移動させることが結構多いものです。移動させる時には、各部屋の出入り口の仕切りの形状が作業性に影響します。食品加工所では一般的に、スイングドアや開き戸、引き戸などいろいろな種類のドアが設置されています。ドアの可動域や床面の敷居の有無などを考慮した上で、可能であれば部屋ごとの出入り口の扉は吊り戸タイプの引き戸がおすすめです（写真3−5）。

とくに床面の汚れを、こまめに水を流して排出することが多くなりますが、この時に吊り戸型だと非常に作業しやすい。また、水やごみがたまりやすい床面の敷居やレールを、あらかじめ付けないで済みます（写真3−6）。日に何度も行なう床面の水洗いと水切りには、うってつけです。また敷居やレールを設けない分、物の移動もやりやすくなります。

熱源＝ボイラーはプロに任せる

加工所にボイラーを設置する場合、その配置と加工所内への引き込み配管のレイアウトを自分で計画する人がいます。ただ、作業全体に影響が大きい熱源の配置だけに、ここはボイラー施行業者に依頼して、無理がない配置を組んでもらう方が確実です。もちろん、ボイラー蒸気を使ってどのような作業を行なうのか、使い方の要望をその業者に伝えることは欠かせません。

ボイラーの蒸気は、熱源に近いとこ

ろでは高温でも、離れた場所に配管を接続して送ると、温度が下がり水滴に戻ってしまいがちです。ボイラーと加工機器の間の距離は、短いほど熱のロスが少ない。また、冷めてできた水滴は、加工機器の末端の方にたまれば正常な蒸気の供給を妨げます。水滴をためにくくするには、建物に蒸気を引き込む時に、高い位置から入れて、徐々に低い位置に配置した加工機器に配管するようにすれば、蒸気が水滴に戻ってもドレンとして排出しやすいと思います。

　ボイラー自体の性能も大事ですが、蒸気の性質や熱効率のことなどを、ていねいに説明してくれる業者を探すことも重要で、後々間違いがないと思います。実際に全国の農産加工の仲間のところで起こったボイラー導入時のトラブルでは、施工に慣れていない業者による工事の場合が多いようです。所定の熱蒸気を供給できなかったり、水抜きがしにくかったりといったケースがみられました。

　各地の加工所を訪ねると、今なおかまどの火を使いながら煮物などの惣菜を製造する加工所や、直売所に併設されたレストランで、薪を焚いて炊飯する「かまど炊き」のご飯を売り物にしているところもあります。熱源に裸火を使う場合は、消防法上安全対策として熱源の周囲を耐火素材で固めるなど、失火しないような措置を求められます。

HACCPと衛生管理

　２０１８年６月の「食品衛生法」の改正では、原則としてすべての食品等事業者に一般衛生管理に加えてＨＡＣＣＰに沿った衛生管理の実施を求める内容が盛り込まれました。規模や業種などを考慮した一定の事業者については、取り扱う食品の特性に応じた衛生管理を行なうことになります（２０２０年に法律施行、２０２１年６月猶予期間終了）。

　これによって農産加工を新たに始めたい時の許可の取得、稼働後に定期的に行なわれる保健所による食品加工施設の立ち入り検査の内容も、すべてＨＡＣＣＰの考え方に沿ったものになります。小さな農産加工や小規模事業者の場合は「ＨＡＣＣＰの考え方を取り入れた衛生管理（基準Ｂ）」が基本になると思われます。従業員規模が５００人以上の大企業や大規模工場などではＨＡＣＣＰの７原則12手順に基づく基準（基準Ａ）を求められるのに対して、基準Ｂでは「一般衛生管理を基本として、業界団体の手引書等を参考にしながら必要に応じて重要管理点（ＣＣＰ）を設けて管理すること」が主軸になると思われます。

　具体的には、

「危害要因分析」→事故につながる可能性がある危害要因を分析し資料にする

「モニタリング頻度の設定」→殺菌温度と時間の厳守など管理基準（ＣＬ）が守られているかを何度も確認する

「記録の作成・保管の義務化」→モニタリングをもとに現場で改善運用できるよう、記録を作成し文書を保存する

といったことが挙げられます。

たとえば、「漬物」製造の場合は、原料素材の状態がポイントで、土による汚れや昆虫の混入の他、土壌菌の汚染などへの対策も必要になります。原料の洗浄と殺菌が危害要因分析の重点と考えられます。原料に対して、どういう洗浄を行なったか、洗浄水の交換のことなども含めて記録していくことが大事です。浅漬けならば、次亜塩素酸ナトリウム溶液への原料の浸漬を行なった際の溶液の有効塩素濃度の記録なども大事になると思われます。

私の加工所の「ジュース」の場合は、途中のプロセスを経て最後のビンに詰める前の「殺菌タンクでの殺菌温度と時間」「温度と時間の記録」が問われます。このように品目ごとに危害要因とこれに対する対策、そして対策を行なっている間の記録が、今後はとくに重視されます。

ＨＡＣＣＰに関しては、実は農産加工の現場では誤った認識をもたれることが多く、「すべて機械化しなければいけないのですよね？」という質問も時々みられます。そうではなくて、手作業の工程が多くても、ＨＡＣＣＰの考え方を取り入れた衛生管理を計画できますし、実践もできます。最初は「一般衛生管理」の実施状況をチェックしていくことが出発点になります。「一般衛生管理」に含まれる事柄で、たとえば、加工所では身支度を整え、毛髪や昆虫が製品に入らないようにし、道具の洗浄も決められた手順で行なう、冷蔵庫に原料素材を保管する、などといった作業の中で記録や危害要因を排除していくことは、とくに費用や労力を伴わなくても実行できるのではないでしょうか。

既存の加工所の場合、ＨＡＣＣＰの義務化に伴い社内で勉強を強化した組織は各地にみられます。製造工程のなかで危害要因がどこにあるか、製品の安全性の確保において最も重要と思われる重要管理点でどういう対策を打つのかなどということについては、従来の安全な製品づくりを心がけるという加工所の姿勢の延長線上にあるものという見方もできます。

どの加工所にも簡単に取り組めることとしては、加工品の製造フローを書き出すことと製造記録をとっておくことが挙げられます。製造フローの中に

温度管理の状況などを書き込むと、この製品がどの時点で安全性が確保されるものなのかがわかりやすくなります。

これからの対応として必要なことは、HACCPの考え方をベースに、衛生管理を含めて自らの商品の製造工程とその衛生管理のポイントについて、自分たちがきちんと説明できること、そしてこれならば大丈夫だという判断の根拠を示せるように準備しておくことです。煮込みの温度記録などもきちんと保存しておくことで、後々保健所などの求めに対して簡単に提示できるようになると思います。

加工所の建設まで――私の場合

最後に、私が今の加工所の建設に着手してから完成するまでの経緯を簡単に紹介します。

「職彩工房たくみ」は2013年8月に建設に着手して、翌年4月に完成しました。予定を1か月遅れての完成となりました。

加工所の建設にあたって、最初に加工所の狙いをはっきりさせました。生産農家からの受託を請けて加工する受託加工を主眼にし、将来の経営を考えている若手農家が、青果のみでなく、加工品で販売商品の幅を広げていくお手伝いをすること、そしてジュースは原料豊富な生産農家の品らしく素材をぜいたくに使い、素材感を最大に生かせる加工品をつくりたい、そのように考えました。

加工所の建設用地については、用地探しから始めました。私が非農家であるため、どうしても宅地を購入して建設せざるを得なかったからです。用地取得と並行して、製造加工に使用する機器の選択を始めました。これについては、以前から農文協主催の「加工講座」(177ページ参照)でお世話になっている「小池手造り農産加工所」の小池芳子会長に相談しました。実際に稼働中の機械の様子を見学させてもらったり、加工機器メーカーを紹介してもらったりと、大きな力添えをいただきました。最も大きな収穫は、実際のジュース製造工程をみせてもらったことで、思っていたよりも大変な作業を伴うものだと感じつつも、美しい商品の出来栄えに感動もしました。

加工所開設にあたって、保健所への許可申請に向けては、導入予定の機材をリストアップして、具体的にどのように使って安全な製品を製造するのかを細かく説明できるように準備しました。ストレート果汁ジュースの工場は、福岡県内ではまだ数が少ないために、保健所とのやりとりの回数を重ねました。

加工所の建設施工には、学校給食施設の実績があり、消防法などにもくわ

表３－１　受託加工の受け入れ基準

職彩工房たくみ　受託規模データ

◆受け入れ実績：柑橘、トマト、モモ、シークワーサー、ユズ、バンペイユ、レモン、カボス、トマト、モモ、ウメ、アンズ、ブドウニンジン、イチジク、イチゴ、ナシ、マンゴー、パッションフルーツ、グアバ

◆充填製品の仕様：
王冠キャップ（1000、720、500mℓ）／マキシキャップ（180mℓ）

◆１ロット（釜）500mℓビンでの見込み生産量

温州みかん	：150kg →約 200 本	甘夏みかん	：180kg →約 200 本
ユズ	：60kg →約 200 本	トマト	：150kg →約 200 本
モモ	：100kg →約 200 本	ブルーベリー	：50kg →約 200 本
ウメ	：50kg →約 200 本	ブドウ	：100kg →約 200 本
ニンジン	：120kg →約 200 本	イチゴ	：50kg →約 200 本
イチジク	：80kg →約 200 本	マンゴー	：100kg →約 200 本

パッションフルーツ：50kg→約 200 本

◆最小受け入れ基準：720mℓで 150 本、500mℓで 200 本

しい、地元工務店に依頼しました。全体の建物のレイアウトスケッチを描きましたが、扉が多い建物ですね、と言われたことを思い出します。各部屋ごとに衛生度を高めることを考えて、部屋ごとの仕切りを入れたためでした。原料保管室、製造室、保冷・搾汁などの部屋の配置、作業動線の効率化などを考えて、図面にしました。建設が進むにつれて、実際のスペースに照らして、図面にしたそれぞれの部屋の機能が発揮できるのか、といったチェックも行ないました。建物が完成して、大きな煮釜を搬入して据え付けた時に、一つのトラブルが発生しました。蒸気釜の据え付け位置が思ったよりも低く、釜から液体を移送するポンプの方が高い位置になってしまったのです。幸いにもこのトラブルは、左官職だった実父の力を借りて、釜の位置を5センチほど上げることができ、無事に収めることができました。

　こうして、建物の竣工検査、保健所の立ち合い検査を経て、予定通り営業許可を取得することができました。2014年4月27日、開業の最初に製造したのは、鹿児島県に住む後輩から依頼があった500本のタンカンジュースでした。参考までに私の加工所の受託規模を示します（表3－1）。

Part 4

おいしく素材感たっぷりのつくり方

10 ジャム

ジャムにはあらゆる加工の基礎的な部分が詰まっている

ジャムは、農産加工の商品として最初にチャレンジしたくなる、人気が高い品目です。加工品の中で最も基本的でシンプルな製品とされますが、たいへん奥が深く、一言でいうと「すべての農産加工の要素を盛り込んだ」製品だともいえます。たとえば、素材の色を悪くしない色留めの手段、糖度と加熱による素材からの離水、糖度の濃縮による保存性の向上、容器へ充填する前後の温度差による内容物の膨張と収縮、ビンの殺菌、密封後の製品の冷却、等々すべてが他の農産加工にも通ずる要素をふんだんにもっています。

　そして「ジャムは素材の味わいをより濃縮した製品」です。ジャム製品では、何をおいても素材の香りや色合いを残しつつ、炊き込んで引き出せる旨味、濃厚さとすっきりした味わいなどを大事にしたい。それには、製造の際の原料状態、つまり糖度、完熟の度合い、酸味などに対して、下処理の仕方や加糖の量、炊き込みなどを瞬時に判断して、手早く作業に移らねばなりません。このため、ジャムはつくる人によりその仕上がりに違いが出てしまう難しい品目だともいえます。ジャムのワザを磨くことで、農産加工の技術も向上します。「ジャムは農産加工の基本」といわれるゆえんでもあります（写真4－1）。

写真4－1　ニンジンジャム（写真：戸倉江里）

最近のジャム事情

　商品としてのジャム製品では、このところジャム利用の場面が変わってきているともいわれます。長年「パンにぬるもの」という利用が圧倒的に多かったのですが、これも最近では過去のものになりつつあります。各地でベーカリーショップが台頭し、生地自体がおいしいパンが増えたということもあるでしょう。生地の味わいに特徴があるパンに接する機会が増えるなか、必ずしもパンにジャムをぬる、といった食べ方をしなくなりました。一方で、ヨーグルトソースやアイスクリームと合わせるといった用途では、ジャムの出番が増えました。また、料理の隠し味に使ったり、ソースやドレッシングに少し加えてみたりと、ジャムの用途はさまざまに広がってきました。一概にはいえませんが、こうした用途の変化を受けて、ジャムの性状も「素材のフレッシュさがあって固すぎないジャム」が好まれるようにもなってきました。パンにぬるには完全にゼリー化したものがよかったのですが、緩めの方がヨーグルトなどには混ぜやすい。

　商品サイズはどうでしょうか。家族１～２人で構成される家庭で食べきれるサイズの、小さめな容器の方がいいという傾向です。こうしたなか、これまでの１８０～２００mℓのサイズではなく、１２０～１５０mℓサイズのものが主流になりつつあるように思います。ただ、サイズが小さくなる分、製品にかかるビンのコストと作業の手間はかかるようになりました。

　また色よく香りもあってフレッシュ感のある仕上げにするために、長々と煮込む製法は敬遠されるようになってきました。

ジャムとは

　日本農林規格（ＪＡＳ）ではジャム類は「果物、野菜または花弁を糖類等とともにゼリー化するようになるまで加熱したもの」であり、可溶性固形物（主には砂糖ですが）の割合が40％以上と定義されています。40％という数字は、基本的に果実や果汁以外では糖類のみが溶け込んでいるジャムでは、糖度を指したものと捉えてよいかと思います。また、国際食品規格（ＣＯＤＥＸ《コーデックス》）では可溶性固形物65％以上をジャムと定義しています。コーデックス規格ではかなり糖度の高いものになります。この違いは、保存食品として発達してきた欧米のジャムと比べて、日本の気候風土では、高い糖度の甘いジャムは売りにくいことがあるようです。夏が蒸し暑いためにサッパ

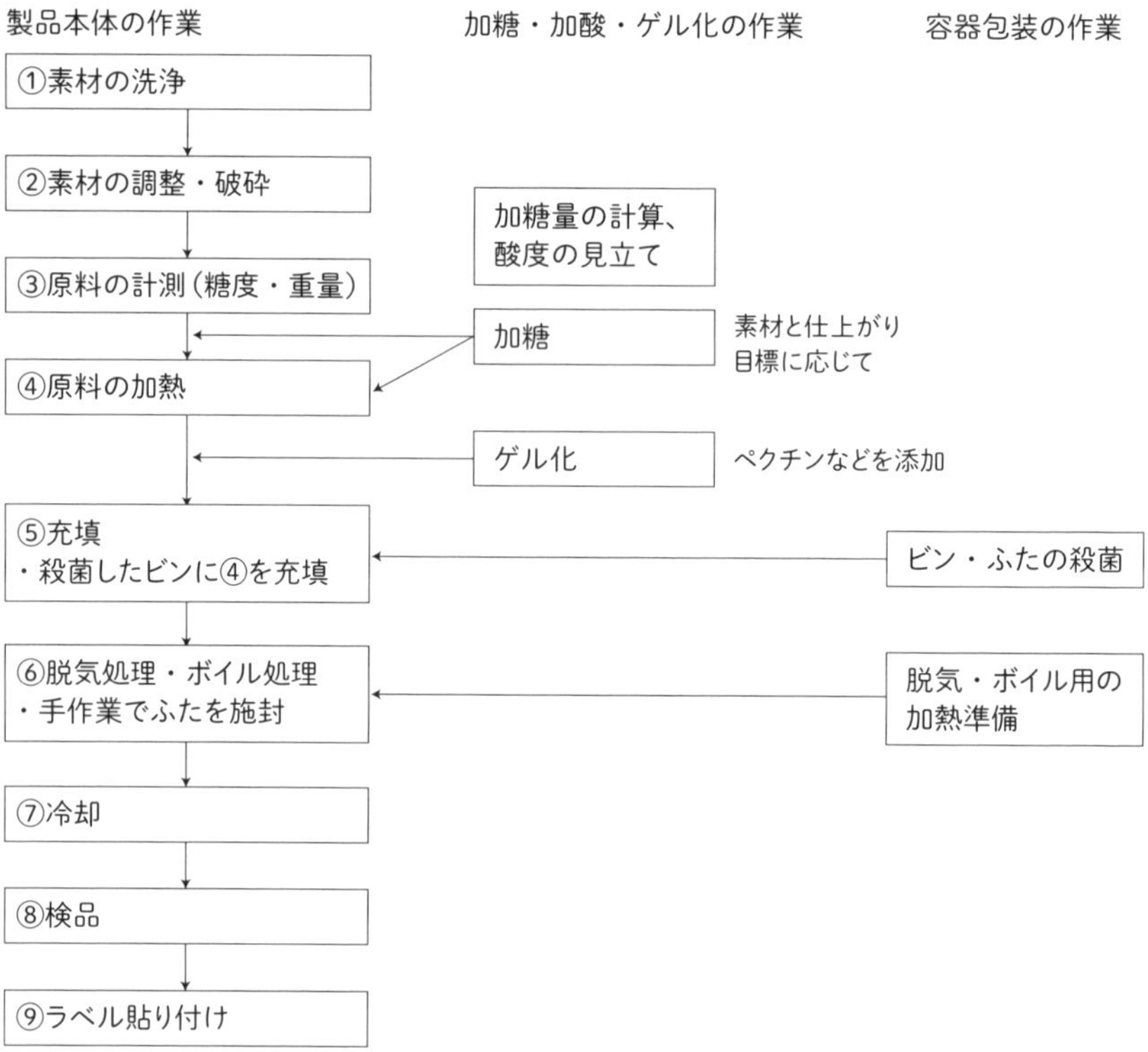

図4－1　ジャム製品の基本的なフロー

りした食べ口が好まれ、高い糖度は敬遠されがちです。また産地からの原料素材の調達が欧米に比べて容易な日本では、より新鮮な風味のものが好まれる、といった製品の成立環境の違いがあるものと考えられます。

ジャムのつくり方

ジャム製品の基本的なつくり方を図にしてみました。のちほど詳述しますが、砂糖の加え方と充填時の温度管理に注目してください（図4－1）。

①製品の見立てをしながら、準備を進める

◆原料の状態の確認（重量、糖度、必要に応じて酸度【pH】も）と調整

・原料の糖度をもとに、糖度45を目標に加糖量を計算します。

・ただし実際に炊き込むとジャム自体の水分が蒸発するので、計算した加

糖量をそのまま加えると糖度が高くなりすぎる。このため加糖量を控えたり回数を分けるなど調整する。

・加熱によって苦みを発しやすい柑橘類などは、とくに外果皮などをあらかじめ刻んで下茹でと水さらしを行ない、苦みを適度に抜いておく。

◆必要に応じてビタミンCやレモン果汁の添加

・酸化により褐色しやすい素材（リンゴ、モモなど）は裏ごしやカットすると、酸素に触れて色が悪くなる。また加熱によって色が悪くなりがちな素材（イチゴなど）もある。

・これを防止するため火入れ前にビタミンCや柑橘果汁（レモン、橙など）を添加する。

・また、酸味が乏しく糖度だけでは保存性が心配な原料を使う場合には、あらかじめクエン酸や柑橘果汁を添加する。

◆加糖のタイミングによる仕上がりの違い

・糖を加えると、浸透圧で素材の水分を一気に引き出す（離水作用）ため、どのタイミングで糖を加えるのか考えておく。

・素材の形をしっかり残したい場合は「最初に加糖」、形を残さず柔らかく潰した仕上がりにしたい場合は「仕上げに加糖」する。

形を残す→煮込む前に一部を加糖する／煮込み初めに加糖する

形を残さない→煮込みの最後に加糖する

◆その他の留意点

・ビタミンCやペクチンの使用量は、基本的に果実の全重量の0・3％以内とする。

・ペクチンを添加する場合は、加える量を準備して砂糖と混和しておく。

・夏みかんなど原料にペクチンが多く含まれている素材には、ペクチン添加は不要。冷凍保存していた素材を解凍して使用する場合には、素材に含まれるペクチンの作用が弱くなりがちなので、随時ペクチンを添加する。

・ビン充填時の温度管理にかかわるので、ビンの殺菌処理をどのタイミングで行なうかを考えておく。

・ジャム製造量は充填ペースに見合う量にする。時間がたつと色を損なう、糖度が高くなりすぎるなどの品質変化も生じる。一度に製造する量は20～30kg程度までを目安にする。

②製造過程では、加熱は手早く行なう

加熱の手順

・釜（ステンレス製がベター）で加熱。基本は強めの火で炊き込む。

・温度が70℃を超えて浮き始める最初のアクを、しっかりとる（写真4－2）。あとはこまめに除去。イチゴやモモ、ナシなどは、アク取りが不十分だと、ジャムの色が悪くなりがちである。

・加糖し、ペクチンを添加して煮込みながら仕上がりを判断する。

③充填は熱々のビンに熱々の内容物を詰める

・充填前にはビン、充填機器の殺菌処理は終えておく。

・ビンのふたはツイスト式のものを選ぶ。

・「熱々のビンに、熱々の充填物を詰める」が原則。充填時点の温度が最も高くなるように作業する。充填時は、その後に続く「ふたを締めてから行なうボイル殺菌」（90℃、15分）あるいは「脱気処理後すぐにふたを締める」（蒸し器に入れて弱火で10分蒸して、そののちふたを締める）時よりも高い温度にすること。

・充填はビンの首上まで詰める（写真4−3）。

写真4−2　アク取りをこまめに行なう
（写真：本田耕士）
小池手造り農産加工所

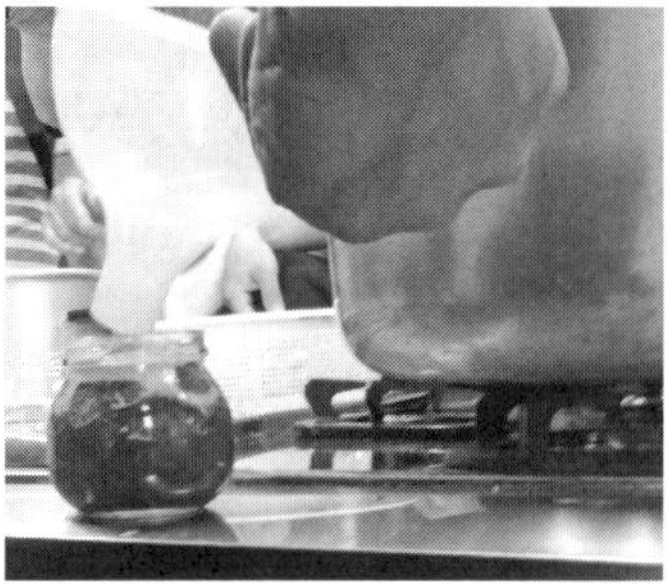

写真4−3　ビンの首上まで充填

④充填後加熱殺菌・脱気処理をする

充填後の加熱殺菌処理には、以下の二つの方法がある（写真4−4）。

①充填後すぐにふたを締めて加熱処理する

②脱気処理後にすぐふたをする

⑤冷却する

殺菌処理（あるいは脱気後に密封）を終えた製品を冷却する（写真4−5）。

最初は50℃くらいのぬるま湯に、次いで冷水へと2段階で行なう。これは、ビンの割れを防ぐ意味がある。

加工作業で注意したいこと

原料状態の確認

ジャムは、「素材の味わいをより濃縮した製品」ですから、原料状態の鮮度や熟し具合は出来上がる製品に大きく影響します。つまり、良い素材でつくればよりおいしいジャムになります

写真４－４　充填後の加熱殺菌
左は蒸気で右はボイル

写真４－５　加熱殺菌後に冷却
まずぬるま湯に浸け冷水へ

し、反対にあまり良くない素材でつくると、欠点が強調されることにもなります。私の加工所にも時々、未熟で味がのっていない素材や傷みが激しい素材などが持ち込まれますが、味の良くない、風味の弱いジャムになりがちなのを防ぐためにいろいろ工夫を講じることになります。たとえば、酸味やエグ味を抑えるため蜂蜜を少量加えてまろやかさを出したり、見た目の色を少しでもよくするために酸化防止効果のあるビタミンCを配合したり、色の濃い野菜や果物をブレンドして色調を整えるといった手を打つことで、素材を生かすようにしています。

　ジャム素材に多く使われるのが、イチゴです。収穫時期の関係で甘みが伴わず酸味が勝った状態のものが加工用として出荷されるケースが多いため、原料の糖度などの確認は欠かせません。収穫のタイミングによって素材の状態が異なり、必要に応じて加糖量を調整する必要も出てきます。

　原料の糖度をもとに、糖度45を目標に加糖量を計算しておきます。試算する加糖量は、あくまで加熱前の原料を基本にした計算値なので、用意した砂糖の全量を加えるわけではありません。釜で炊き込むことで水分が蒸発して濃縮することも考えに入れて、加糖量を調節する必要があります。

グラニュー糖が基本

砂糖にもさまざまあり、なかにはたいへん高価だが体に良いといわれる希少糖を使用した製品などもみかけます。コストを考えると通常農産加工ではグラニュー糖が使われますが、グラニュー糖は純度が高く、すっきりした味わいになります。私の加工所ではビート（砂糖ダイコン）のグラニュー糖を使用します。上白糖は糖の粒子を液糖でコーティングした造りのもので、これを使ってジャムを炊くと、濃厚すぎる甘みになりがちです。ザラメ糖を使う場合は、仕上がりが沈んだ色調になることと、特有の強い香りとアクが出やすいため、つくるジャムの素材に合うかどうか検討が必要です。

ビタミンC、クエン酸、柑橘果汁で色合いと保存性向上

食品添加物であるビタミンC、クエン酸は、私の加工所では必要に応じて使用しています。ビタミンCもクエン酸も果物の素材を酵素発酵させて生成されるもので、化学合成されて生まれる素材とは異なります。素材を預かって商品を製造する受託加工の場合には、原料生産者にもこうした添加剤のことをしっかり伝えて理解を得て使っています。

たとえば、リンゴやモモなどは皮をむいたり破砕すると、空気中の酸素によって酸化が進み、すぐに色が悪くなります。イチゴは加熱によっても色が悪くなりがちです。リンゴやイチゴやモモの色を維持するには、ビタミンCを原料の0・3％を上限に、火入れの前に加えておきます。時々、加熱後や仕上げに入れる加工所がありますが、加熱前に入れなければ効果がありませんし、ビタミンC自身が果実に代わって酸化されることで、果実本体の変色を抑える効果をもっています。

また、原料のpHが元々高く、糖度のみでは保存性に不安がある時には、クエン酸を入れます。ニンジンやカボチャやサツマイモのジャムなどで使用します。

また、これは副次的な効果になりますが、糖度が高く、もったりした甘さがくどいものは、ビタミンCやクエン酸（あるいはこれらを含む柑橘果汁など）を入れると、さっぱりした食味に仕上がる効果があり、おいしさがひきたちます。

もちろん、これらビタミンCやクエン酸の代わりに、こうした成分を含むレモンや橙、ユズなどの果汁が使える他、梅酢なども使用できます。ただ、多く配合しても意外に効果が出にくく、効果が出るくらいの量を加えると、全体の味のバランスが崩れてしまうことがあります。

ペクチンの使いこなし
——糖・酸の比率でゼリー化する

ペクチンは本来、果物や野菜などに含まれる多糖類で、細胞組織の強度を保持したり、細胞同士を結び付ける力として働きます。未熟果では水に溶けないペクチンで相互に柔らかくまとまる事ができませんが、完熟果になると水に溶けやすいペクチニン酸が形成されて食味の良い、ふんわり柔らかな果実のまとまりを形成します。このペクチニン酸が一般にペクチンと呼ばれる物質です。水に溶けたペクチンがゼリー状に柔らかくまとまるには、「糖と酸が一緒に混和される」必要があります。とくに酸が大事です。経験的には、水酸化イオン濃度でpH3・6以下くらいの酸っぱさなら、ペクチンのゼリー化はより進みやすいようです。

ペクチンの含有量は、植物の種類によって違います。果物でみれば、ペクチン含有量の多いのは、夏みかん、温州みかん、ブルーベリーなどであり、少ないのはブドウ、メロンなど、その中間にあるのが、リンゴ、イチゴ、イチジクなどになります。

ペクチンは、冷凍原料を解凍して使う際には、ややその力が弱まる傾向がありますので、元々のペクチン含量の少ない素材を使う場合には、ペクチンを添加する必要も出てきます。

ちなみに市販のペクチン（HMペクチン：ハイメトキシルペクチン、糖と酸でゲル化するペクチン。ミネラルでゲル化するのはLMペクチン〈ローメトキシルペクチン〉）は、食品添加物であり、食品表示が必要になります。主に果物などから抽出されたものが製品化されています。

【ペクチンの使い方】

市販のペクチンで純度の高いものは、単体では液体の中に入っていきにくいため、純度の高いペクチンをそのまま投入すると、間違いなくダマになって最後まで溶けずに残ります。ペクチンは原材料の0・3％程度を使用し、3～5倍の量の砂糖と混和して鍋に入れるのが基本で、こうするとうまく溶けます。加糖したペクチンは、ジャムの仕上げの最後に添加します。加える量によりますが、ペクチンと一緒に糖が入ることで全体の糖度が上がることを想定して、糖度を調整しておきます。なお、純度の高い業務用ペクチンは1kgで数千円程度の価格です。

一方、スーパーなどの製菓・製パンコーナーなどにあるような市販のペクチンは、数グラムずつ小分けして1箱に数袋入りで販売されています。内容はペクチンが25％、残りは砂糖などといった配合で、あらかじめペクチンに加糖されて溶けやすくなっているものが多いようです。しかし、農産加工でジャム製造が柱の場合は、量的にはもちろん、コストからみてもこうしたスーパーで販売されるようなペクチンでは間に合いません。

また自分で柑橘の種やリンゴの芯などを煮出してペクチンをつくることも可能ですが、ジャム製造の頻度が高い場合はきっと追いつかなくなります。

砂糖の使い方と糖度の調製

【素材の糖度などの状態を確認】

原料となる農産物の重量、糖度、必要に応じて酸度（pH）も確認することが製造の出発点になります。投入する砂糖の量を決めるには、もとの原料の糖度をきちんとみておく必要があります。ですから糖度計と温度計はジャムの製造には必須です。時々、加工所にジャムのレシピを貼り出してその通りの分量でつくっているところもみかけますが、毎回、材料の糖度その他の条件が同じではないので、つくり方や加糖量が一定ということは本来あり得ません。毎回計測してそれに基づいて加糖量を決めていく習慣をつけたいものです。

ちなみに加糖する前の原料の糖度は、全体の中の可溶性固形分の割合で表示されますので、もちろん原料に由来する糖分も含まれます。糖度10という時は糖分10％に相当します。

【素材の形を残したい】

原料素材の形を残した仕上がりにしたい場合にも砂糖を生かします。たとえば、果物に砂糖を振って冷凍保管して使っている加工所がありますが、これは浸透圧の働きで果肉を締めて水分を出させて形状が残りやすくなるからです（写真4－6）。砂糖は、水分を引き出し、同時に、イチゴの身を締める役割を果たします。このような素材から水を抜く働きは、塩による漬物の下漬けにも似ています。ブルーベリーもイチゴと同様です。果肉の形状が残るプレザーブタイプの方が、商品人気が高いということも、こうした製法に反映されます。ジャムの素材で人気があるイチジクも、原料を冷凍保存する時に加糖すると、形状が残りやすくな

写真4－6　形を残したい場合は、冷凍保管する際に砂糖を振って水分を抜いておく（写真：本田耕士）

ります。
反対に柔らかく煮溶けて素材の形をなくしたい時には、加糖のタイミングは鍋を煮込んで最後の時でも構いません。

【目標の糖度は45、常温で1年間の保存を目指す】

まず、材料を釜に入れて加熱していきますが、温度が70℃を超えるころにアクが出始めます。このアクはこまめにとる方がきれいに仕上がります。加糖する時は櫂で攪拌して混ぜますが、砂糖を投入すると一瞬「鍋が緩くなる」感じがして混ぜやすくなります。これは、砂糖が水に溶けやすい性質があるためです。とくに加熱した状態では、砂糖はその重量の1／3の水に溶解します。炊き込み時の砂糖の量と溶け具合は、釜のジャムの品温とも関係します。最初に砂糖の量を決めたら、これを2～3回に分けて釜に投入していきます。

ビン詰めのジャム製品の場合、常温で1年前後まで日持ちする品質を期待されますので、途中で腐敗などを起こさないことが求められます。私の加工所では柑橘の果汁を加えてさっぱりとした味わいを目指していますので、糖度と酸味のバランスを考えて「糖度45」を目標として製造しています。糖度40以下は、食品表示の関係で「ジャム」と表示できません。逆に梅やアンズなどの、酸味が強い素材でつくる場合は、糖度60でもあまり甘みを感じさせません。

糖度の上がり方は、素材によっても違います。煮上がりが早いブドウなどは、糖度が一気に上がりますので、糖度45の調整が難しいこともあります。固形分の多いイチゴやブルーベリーは、ぐつぐつと煮えて少しずつ水分を果肉から放出していく感じですから、一気に糖度が上がることはありません。

【仕上げの煮込み】

ジャムは炊き込むことで水分が蒸発し、濃縮されて、糖度が上がります。焦げ付き防止のために櫂で攪拌していきます。ペクチンを投入する場合は糖度42～43の時点で投入し、攪拌しながら目標の45を目指していきます。このあたりは微調整が必要です。糖度の具合は糖度計で測定できますが、熟練のジャムのつくり手にもなると、泡の具合と色つやの感じをみて、炊き込みすぎずに目標の糖度にきちんと仕上げていきます。

充填温度

【ビンとふたの選定】

ジャムビンは多くの場合、ふたが「ツイスト式」という複数の爪がビンに噛み合って締まるタイプの製品になっています。このジャムビンのふたをひっくり返すと、ちょうどビンの縁に当たって密着する部分が白い樹脂のようなもので保護されています。「パッキン」といわれるもので、ジャム製品の密封性を保持するためには重要な役割をもっています。

「ツイスト式」とは別に、「ねじ式」（スクリュー式）という何回も回して締めるタイプのふたがあります。これはねじぶたの構造自体に厳重な密封を期待できる反面、ちょっとした内容物の「垂れ」がねじぶたの溝を詰まらせることが多くなります。詰まっても単体でカビが生えにくい蜂蜜や水飴、練りウニなど高糖度やアルコール添加された内容物に使用されることが多いようです。ツイスト式のジャムビンでは、ふたを90度回せばカポッと開くので、中身が取り出しやすくて便利なのですが、同時にそのふたの内側にパッキンが貼り込まれている密封性が最大の特徴であることを理解しておきましょう。充填前のビンの殺菌時にこのふたも一緒に高温で殺菌消毒すると、パッキンを傷める原因になるので避けねばなりません。

【ビンの殺菌】

確実で簡単な殺菌は熱湯で煮沸する方法です。沸騰温度90℃で20分の煮沸が有効です。ただし、ビンに充填する直前まで加熱を続けねばなりません。一方、蒸し器で蒸すという場合には、セイロを複数重ねることで、熱々のビンを常に供給するのには向いています。一方で、大量のジャムを製造する場合には、専用のスチームボックスやビン殺菌機など、１３０℃に達するボイラー蒸気を直接送り込んで、短時間の殺菌を行なう場合もあります。

【熱々のビンに熱々のジャムを充填する】

「熱々のビンに熱々の内容物を詰める」のが基本です。時々みかけますが午前中に殺菌したビンに布巾をかけておいて、午後製造したジャムを入れるというのはアウトです。ビンとジャムがそれぞれ熱いうちに作業することが肝要ですので、ジャム煮込み用の熱源とビン殺菌用の熱源を別にもっておくことが必要です。充填前には、ビンと一緒に充填器具やジャムが直接触れ

熱々の瓶に熱々のジャム

るものも、もれなく加熱殺菌しておきます。

【充填時が最も高い温度になるように】

ジャムをビンに充填する時はビンの首上まで、つまりビン口から5㎜くらいのところまで入れます。充填後のふた締めと殺菌処理では、「ふたを完全に締めて丸ごとビンをボイルして殺菌する方法」そして「脱気処理を行なった後でふたを締める方法」とがあります。

まず「ふたを完全に締めて丸ごとビンをボイルして殺菌する方法」。ふたは通常「時計回り」に回して締めますが、この時、ふたがしっかり溝を噛んでいない斜めの状態で締め間違えることがあります。これは事故品の原因にもなるので、ふたをビンにのせてから逆方向（反時計周り）に回して、カチカチとふたのツメの音を鳴らしてから一気に締めるようにします。しっかりふたをした後に、90℃の湯で15分間どぶ漬けして加熱殺菌を行ないます。

この加熱殺菌の温度が充填時の品温よりも高いと、内容物が膨張してふたを開ける方向に回転させ開いてしまい、中身が殺菌中に出てしまうことがあります（写真4－7）。対策としては、①充填温度はその後の殺菌温度よりも高い温度で充填すること、②とくに充填の作業中も鍋の中の品温がさがらないようジャムを加温・保温する必要があります。

写真4－7　充填時の品温が低かったために噴出したイチゴジャム

1回の製造量も20～30kgくらいまでが、品温管理が比較的しやすいといえます。

また「脱気処理を行なった後でふたを締める方法」は、充填後にふたをのせて軽く回し、セイロに並べて、蒸気が上がった蒸し器にかけて弱火で10分程度加温した後にふたをしっかり締める方法が知られています。蒸気を使う方法だけでなく、ビン口まで熱湯に浸して行なう方法なども知られていますが、ここでも脱気処理の加温中にジャムが膨張しないよう充填時の温度が最も高くなるように作業せねばなりません。脱気処理の場合、ビンをオーバーフローしてこぼれてしまっても、ふたがかぶっているためにわからず、そこにカビが生えることがあるので注意すべき点になります。

【ふた付きラミネートパックも最近は人気】

ジャムビンではなく、ふた付きラミネートパックにジャムを充填する製品も最近は多くみかけるようになりました。このタイプの容器はラミネート袋の素材自体に耐熱性をもたせているので、ボイル殺菌に対応できるものになっています。反対にふたの耐熱温度はやや低めなことが多く、充填後に行なう最後の加熱殺菌の温度を少し下げるといったことも必要になります。

ビンに詰めるのと同じなのはジャムを高温で充填する点。高温で充填しすぐにふたを締めてボイルします。やってはいけないのは、冷えたジャムを詰めてボイルで加温して殺菌を試みること。熱でジャムが膨張して、生まれる内圧が袋を破損させてしまいます。

また、形状がしっかりしたビンとは異なり、充填量の見極めを厳密にせねばならないため充填時間がかかるかもしれません。

冷却

ジャムビンを冷却する時は、ビンが割れないように注意が必要です。ガラス素材は41℃を超える温度差で収縮率の差でビンが割れてしまうことが多いからです。最初は50℃くらいの湯に浸け、その後水道水で冷やすという2段階の冷却を行ないます。ラミネート袋の場合はいきなり冷水に浸しても問題ありません。

ジャムのいろいろ

イチゴのジャム（プレザーブタイプ）

【製造のポイント】

・原料の素材状態を確認する。
・イチゴの色留め、糖度と粘度の調整などを見越して原料を配合する。
・ていねいにアク取りし、短時間でも十分な火通しで、フレッシュな味わいでの仕上がりに。
・カビ対策を講じた容器包装にする。

写真4−8　プレザーブタイプのイチゴジャム

【仕上がり（分量）】

糖度45で25～26kg前後（150mℓジャムビンに換算して160～170本）

【原材料】

イチゴ（全果）20kg／グラニュー糖12・8kg（見込み）／ビタミンC60g／粉末ペクチン60g

※グラニュー糖の量は、原料糖度が

9・8の場合を想定した。目標糖度45として計算の結果、加糖見込み量は12800g（計算式参照）。実際に配合するのはこのうち7~8割くらいか。

●加える糖分量を求める計算式

$$\frac{\text{製品にした時の糖度}}{\text{（分数または小数で表記）}} = \frac{\text{原料に含まれる糖分量(g)＋加える糖分量(g)}}{\text{原料重量（g）＋加える糖分量（g）}}$$

製品にした時の糖度（分数または小数で表記）＝（原料に含まれる糖分量(g)＋加える糖分量(g)）／（原料重量（g）＋加える糖分量（g））

【例】イチゴ糖度9．8のイチゴ20kgで、
糖度45度のジャムをつくる場合の加糖分量 x を求める

$$\frac{45}{100} = \frac{20000\ \text{g} \times 0.098 + x}{20000\ \text{g} + x}$$

$$x = 12800\ \text{g}$$

【製造の流れ】

①イチゴは、水で洗ってヘタをとる。半量を包丁でブロック状に切り、半量をへらなどで潰しておく。すべてのイチゴを、煮込みに使う厚手鍋に入れる。そこに見込み量のグラニュー糖の1／2（6kg程度）、ビタミンCを加えて30分~1時間程度置いておく。

②鍋を火にかけ、強火でゆっくり焦げないように混ぜながら炊く。

③ジャムビンを水洗いして蒸し器に入れ、蒸気が上がってから最低でも20分間蒸す。

④ジャムの鍋の加温に伴って上がってくるアクをすくいとっていく。

⑤イチゴの形が崩れ始め、水分がとんで濃縮されて糖度が上昇する。糖度計をみながら追加のグラニュー糖を加えて煮込んでいく。攪拌とアク取りを続ける。用意したペクチンと砂糖を混ぜ合わせておく。

⑥糖度42前後になった時点で、ペクチンと砂糖を混ぜ合わせたものを、振りかけるように釜に入れて、さらに混ぜる。糖度45になるまで加熱して火を弱めて保温状態にしておく。

⑦熱々のビンに、熱々に煮込んだジャムを充填し、ふたを締めて別の鍋や殺菌槽でボイル殺菌（90℃、15分）を行なう。もしくは脱気処理を行なったのちにふたを締める。

⑧殺菌時間が終わったら引き上げて、50℃の湯に浸し、さらに水に浸して冷却する。

⑨検品してラベルを貼って箱詰め。

ブルーベリーのジャム

【製造のポイント】

・粒々がしっかり残って素材感のあるジャムに仕上げる。

・冷凍解凍した原料を使用するのでペ

クチンの添加が必要になる。
・ていねいなアク取りと短時間の煮込みで、フレッシュな味わいに仕上げる。
・カビ対策を講じた容器包装にする。

【仕上がり（分量）】

糖度45で15kg前後（150mℓジャムビンに換算して100本）

【原材料】

ブルーベリー（青果）15kg／グラニュー糖9・4kg（見込み）／レモン生果汁1kg／粉末ペクチン40g

※グラニュー糖の量は、原料糖度が10・5の場合を想定。目標糖度45として計算の結果、加糖見込み量は約9400g（計算式は121ページ参照）。実際に配合するのはこのうち7～8割くらいか。

※冷凍ブルーベリーを解凍して使用すると果実本来のペクチンのききが弱まることが多いためペクチンを添加する。

【製造の流れ】

①ブルーベリーは洗って葉くずなどを除去して冷凍保存したものを使用する。半解凍の状態で大きな鍋などに果実を入れてグラニュー糖5kg程度とレモン生果汁を加えて3～6時間置いておき、水分を出しておく。水分が出てきたら、全体をよくかき混ぜておく。
②ジャムビンを水洗いして蒸し器に入れ、蒸気が上がってから最低20分間蒸す。
③鍋を火にかけ、強火でゆっくり焦げないように混ぜながら炊く。
④ジャムの鍋の加温に伴って上がってくるアクをすくいとっていく。
⑤ブルーベリーが柔らかく煮崩れ始めたら、糖度計をみながら、濃縮による糖度上昇を考えて、グラニュー糖を追加して煮込んでいく。攪拌とアク取りを続ける。
⑥糖度42前後になった時点で、ペクチンと砂糖を混ぜ合わせたものを、振りかけるように釜に入れてさらに混ぜ、糖度45まで加熱して火を弱めて保温状態にしておく。
⑦熱々のビンに、熱々の煮込んだジャムを充填し、ふたを締めて別の鍋や殺菌槽で、90℃、15分ボイル殺菌を行なう。もしくは脱気処理を行なったのちにふたを締める。
⑧殺菌時間が終わったら引き上げて、50℃の湯に浸し、さらに水に浸して冷却する。
⑨検品してラベルを貼り、箱詰め。

ニンジンとショウガのバタージャム

【製造のポイント】

・ニンジンは、その甘みとふくよかな食感を残すため、一度ピューレに加工して使用する。

・ニンジンは単体もおいしいが、ブレンドに向くので組み合わせと配合を試してみる。
・pHが高めの素材であるため、カビ対策を講じてクエン酸を添加する。

【仕上がり（分量）】
糖度45で15kg前後（150mℓジャムビンに換算して100本）

【原材料】
ニンジンピューレ12kg（ニンジン12kg、レモン果汁1kg）／グラニュー糖7kg（見込み）／おろしショウガ300g（新ショウガ）／バター300g／クエン酸40g

【製造の流れ】
①ニンジンは葉を根元から切り落とす。股割れしたものは分割し、水でていねいに洗う。ヒゲ根を完全に除去し、土が入り組んだ部分を削って除去する。その後、皮をむいて輪切りにする。蒸し器で柔らかくなるまで蒸す。少し冷ましてからレモン果汁とクエン酸を加えて裏ごしする。
②ショウガも同様に、土をていねいに落とし、皮をむいて、すりおろしておく。
③裏ごしした蒸しニンジンとすりおろしたショウガを合わせる。そのまま鍋に移して火にかける。グラニュー糖の3／4量を加えて、その後は必要に応じてグラニュー糖を加えて炊き上げていく。
④ジャムビンを水洗いして蒸し器に入れる。蒸気が上がってから最低20分間蒸す。
⑤ジャム鍋は、温度計で計測し、90℃超まで加熱を続けて煮込む。焦げ付きに注意していねいに攪拌を続ける。糖度45を目標に炊き込む。仕上げにバターを加えて全体に馴染ませ、火を弱め保温状態にしておく。
⑥熱々のビンに、熱々の煮込んだジャムを充填し、ふたを締めて別の鍋や殺菌槽で、90℃、15分ボイル殺菌する。もしくは脱気処理を行なったのちにふたを締める。
⑦殺菌時間が終わったら引き上げて、50℃の湯に浸し、さらに水に浸して冷却する。
⑧検品してラベルを貼り、箱詰め。
※ニンジンの代わりにカボチャ、サツマイモでも製造できる。

甘夏みかんのマーマレード

【製造のポイント】
・甘夏みかんは、その皮の苦みを適度に除去して食べやすくする。
・基本的にはペクチンを加え、フレッシュでふっくらジューシーな仕上がりを目指す。
・カビ対策を講じた容器包装にする。

【仕上がり（分量）】
糖度45で16kg前後（150mℓジャム

ビンに換算して100～110本）

【原材料】

甘夏みかん果皮（苦み除去、刻み）5・5kg／甘夏みかん果汁5・5kg／グラニュー糖7・5kg（見込み）／レモン生果900g／ペクチン100g

【製法】

①甘夏みかんを解体し、果皮、果汁、果肉（果汁をとった残渣）、種・じょうのう膜に分ける。マーマレードでは、果肉から搾った果汁と果皮を使用する。

②「果皮」を3㎜×1㎝程度に包丁またはフードカッターで細かく刻んで、沸騰した湯がたっぷり入った鍋で、10分ほど茹でる。ザルごと冷水に入れて揉み洗いし、流水にさらす。苦みと硬さを確認し、ほどよくなったと判断したら、ザルに受けてていねいに洗い、水気をしっかり切る。

③鍋に「果皮」と「果汁」を入れる。果汁が少ない場合は若干水を加える。火にかけて温度が70℃以上に上がってきたら、浮いてくるアクをこまめに除去する。まずふっくらと炊き上げるが、砂糖はまだ入れない。水分が常に豊富な状態で炊き、蒸発しすぎないよう必要に応じて若干加水してもよい。

④ジャムビンを水洗いして蒸し器に入れ、蒸気が上がってから最低20分間蒸す。粉末ペクチンをグラニュー糖と混ぜ合わせておく。

⑤ふっくらとした皮の煮込み具合を確認して、グラニュー糖の3／4の量を投入する。焦げないように攪拌しながら炊く。必要に応じてグラニュー糖を加え糖度43前後に達したら、グラニュー糖と合わせておいた粉末ペクチンを振り入れて、糖度45に達するまで炊き上げて仕上げる。火を弱め保温状態にしておく。

⑥熱々のビンに、熱々の煮込んだマーマレードを充填する。ふたを締めて別の鍋や殺菌槽で90℃、15分ボイル殺菌を行なう。もしくは脱気処理を行なったのちにふたを締める。

⑦殺菌時間が終わったら引き上げて、50℃の湯に浸し、さらに水に浸して冷却する。

⑧検品を行ない、ラベルを貼って箱詰め。

トマトのジャム

【製造のポイント】

・トマトを最初にピューレにして、濃縮して使用する。

・基本的にはペクチンを加え、フレッシュでジューシーな仕上がりを目指す。

・カビ対策を講じた容器包装にする。

【仕上がり（分量）】

糖度45で18kg前後（ジャムビンに換

算して120～130本）

【原材料】

トマトピューレ12kg（青果のトマト24kgを煮込んで裏ごし）／グラニュー糖7kg（見込み）／レモン果汁1kg／ペクチン200g

※原料のトマトは、完熟したものを選ぶ。

【製造の流れ】

①トマトは、ヘタを除いて水洗いする。砕いて鍋に入れて加熱する。一度裏ごしし、種と皮を除去する。煮込んで1／2にまで濃縮してピューレをつくる。

②ピューレにレモン果汁、グラニュー糖の3／4を加えて加熱し、その後は必要に応じてグラニュー糖を加え煮込む。

③ジャムビンを水洗いして蒸し器に入れ、蒸気が上がってから最低20分間蒸す。

④糖度43前後に達したら、粉末ペクチンをグラニュー糖と混ぜ合わせて振り入れる。糖度45に達するまで炊き上げて仕上げる。火を弱め保温状態にしておく。

⑤熱々のビンに、熱々の煮込んだジャムを充填し、ふたを締めて別の鍋や殺菌槽で90℃、15分間ボイル殺菌する。もしくは脱気処理を行なったのちにふたを締める。

⑥殺菌時間が終わったら引き上げて、50℃の湯に浸し、さらに水に浸して冷却する。

⑦検品してラベルを貼り、箱詰め。

写真4－9　トマトジャム

11 ドレッシング

ドレッシング製品づくりに向けて

酢・塩・油＋地域特産物が基本

ドレッシング（dressing）という言葉は、その語源に、野菜に服を着せて飾る（dress）という意味も含まれていて、調味液をからめて食べやすくしてどんどん野菜を食べるのには合っていると思います。本来は酢、塩、油だけで配合されたシンプルなもので成り立ちますが、この三つの材料自体は基本的に傷みにくいものです。この基本的な材料に、各地の特産物や特色ある素材をアレンジして合わせたものが、近年、製品開発が盛んになっているドレッシング商品です。アレンジの仕方も、野菜やフルーツの風味を強めたり、酢の種類を変えたり、油の量を調整したりと、さまざまに味の提案ができます。これが農産加工品としてのドレッシングの特徴であり、魅力でもあるといえます（写真4－10）。

これまでドレッシングに配合されていない素材は、今後すべてドレッシングに開発できる、とみてもよいくらいに、さまざまな商品が開発されています。

苦みを発しやすい香酸柑橘なども、十分ドレッシングになります。私の加工所では、最近はイチゴやブドウ、キウイなどフルーツを使ったドレッシングの製造依頼が増えています。変わったところでは、有明海の海苔を使った黒いドレッシング、鰹節のドレッシング、酒かすドレッシング、野草のド

写真4－10　ドレッシング

レッシングなどの製品を開発したいという加工所の応援をしたことがあります。野草の場合は、えぐみや渋みをうまく処理できると商品化に近づきます。食材の組み合わせはさまざまにできますが、ホウレンソウや小松菜などの緑色の素材は、酢と合わせると褪色してくすんだ黒っぽい色になりがちなので注意が必要です。

調味料の選択も大事

　このようにドレッシングは、新商品の提案がしやすい農産加工品といえます。その際に気をつけたいのが、配合する調味料の選択です。こればかりは、ぜひ良い材料、質の高い調味料を使うことをおすすめします。とくに、醤油、みりん、酢は、シンプルな材料で時間をかけてしっかりとつくられたものを選ぶことです。購入するお客様も、そうした本物志向を強めています。良い地元農産物の素材を使っているのに、調味料の選択を誤って評価を下げないように気をつけたいところです。ちなみに、食品添加物が含まれた調味料を使用する場合には、食品品質表示にも反映させる必要が出てきます。

許可不要の品目だからこそ食品衛生の基本を励行する

　ドレッシング製品は、ジャム製品と並んで、現在のところ食品衛生法でも食品製造許可が不要な製品となっています（条例で許可が必要な自治体もあります。各都道府県の食品衛生条例にあたってください）。それだけに製造する側としては、しっかりと衛生管理を行なった製品づくりが必要になります。たとえば、ドレッシングを製造する際の、ミキサーやフードカッターは、洗浄と器具の手入れは欠かせません。加熱して製造する場合は、温度管理ができる熱源が必要です。品質の安全性を判断するためには、pH計を備えておくことが必要です。そして、充填する容器は、正しく洗浄・殺菌する必要があります。

人気ドレッシング製造者に学ぶ極意

　私が加工所を開設する前のことですが、すぐ近所に、九州の百貨店に16年間にわたって非加熱のタマネギドレッシングを納品していた人がいました。ご自身のお子さんの野菜嫌いをなくしたいという動機から、ドレッシングづくりを始めて百貨店に納品するまでになった人ですが、個人の自宅内に開設された加工所です。縁あって一度、加工室を拝見するチャンスがありましたが、その衛生管理には感心してしまいました。

　たとえばタマネギはドロドロになるまで砕くのですが、砕くのに使っているミキサーの洗浄の仕方も見事でした。ミキサーの中のブレード（刃、回転翼）の部分は、最小部品まで分解して洗いますし、次亜塩素酸ソーダの溶液で殺菌し、機械を完全に乾燥させてから組み立てます。素材のタマネギの洗浄方法も、土壌菌が残らないように徹底し、洗浄に使う水も電解水を使っていました。今でこそ電解水の装置をつけている加工所が増えましたが、当時は高価でたいへん珍しいものでした。

調味料は近隣の県の醸造酢のメーカーに注文していましたが、このメーカーは大きいロットでの仕入れのみを条件にするところでしたから、一度には使いきれない。そこで保管する必要が出てきましたが、その保管期間の温度管理にも注意を払っていました。素材のタマネギは、佐賀県唐津市の農家からのもので、栽培方法などもしばしば現地に行って自分の目で確認したり、生産者さんとしょっちゅう電話でやりとりして確認したりしていました。製品の菌検査はもちろん、作業台の上などの菌のふき取り検査も、自主的に検査機関に委託していました。百貨店に求められれば、いつでもデータを提示できる体勢を日常的につくっていたわけです。もちろん最初からここまでの衛生管理はしていなかったそうですが、16年間の中で毎年、必要と思った機器や設備環境を整えてきたそうです。

その細かな気遣いに驚くと同時に、このくらいに気遣いができないと、製造許可が不要な製品で、とくに非加熱ドレッシングは製造するべきではないと実感しました。その仕事場には、食品事故を起こさないという、本人の思いの強さが表現されていました。

製造上のポイント

加熱・非加熱にかかわらず常温保存にはpH4・0以下

たとえば、ドレッシングの基本的な材料とされる酢と塩と油をごく少量だけにして、残りを野菜や果物のピューレにして混ぜてみましょう。混ぜた直後の食べ口はふんわりしてフルーティーであり野菜のディップのような感じで、非常においしいかもしれません。しかし、「酢」の割合が減るにつれて、保存性の低いものになると考えてよいと思います。

おそらく加熱した製造方法でも、気温が30℃を超える環境で保管すると、3日目くらいに品質の変化が始まり、早ければ1週間で発酵してしまうのではないかと思います。ドレッシングに限らず、糖度や塩分の濃度が高くないジュース製品の場合にも、同様のことがいえます。ドレッシング製造には、pH計は不可欠で、素材や調味料を配合してから測定し、概ね４・０以下に抑えることを心がけましょう。

非加熱なら調味料を加熱処理

これから加工を始める人や新商品として最初にドレッシング製造を行なう場合には、加熱タイプの製品をおすすめしています。とくに果物や野菜の配合を多くする場合には、加熱することで、下処理の段階で十分な殺菌処理を行なえるからです。

もちろんドレッシングは非加熱でも製品化できます。下処理の段階でも、酢を野菜などに浸透させれば、発酵するおそれがないようにすることは可能です。「非加熱＝すべての素材に火を入れない」ということではありません。調味料だけでも一度合わせてから、火を入れて加熱殺菌すれば、安全です。とくに、空気中の落下菌などは、香辛料や開封済みの調味液の容器内に混入している可能性が高いからです。

容器は適宜殺菌を施して充填する

ドレッシングを充填する際には、容器を選定します。ドレッシング容器は多様で、ガラスビンやペット樹脂容器などでふたは樹脂製の中ぶた付きキャップ（ヒンジ付きキャップ）なども選択できます。ドレッシングには酢がきいているから容器の殺菌をしないという人も結構います。しかし、容器の殺菌は商品製造には不可欠です。

ガラスビンの場合は、ジャムやジュースと同様、蒸気や熱湯で殺菌を確実に行なってすぐに、熱い温度のドレッシングを充填して素早く打栓します。これは、熱充填方式と呼ばれる充填方法で、ジャムのような充填後の殺菌は基本的には行ないません。

ペット樹脂容器の場合は、耐熱温度が70℃前後までと低く、容器の殺菌のために高い温度はかけられないため、食品添加物アルコールを噴霧するなどして殺菌を施します。容器の耐熱温度を頭に入れながら、加熱したドレッシングを充填して素早く打栓します。

近年はジャムなどにも使うふた付きラミネート容器にドレッシングを充填した商品もみかけるようになりました。こちらはガラスビンの場合と同様、熱いドレッシングを充填して素早く封を締めて、最後に80℃で15分程度のボイル殺菌を行ないます。

製造の工程はシンプル

加熱ドレッシングの場合、基本的には、すべての材料を合わせて鍋で沸点近くまで加熱し、必要に応じて全体を混和させるように撹拌し、その後に充填します（図４―２）。

【ドレッシングの製造に必要なもの】

ドレッシングの製造には、ビン・ふた・鍋、ボウル、蒸し器、ミキサー、ゴムベラ、漏斗や充填器などの充填器具、温度計、pH計などが必要になります。

【加える原材料の下処理】

加える素材によっては「下処理」を必要とします。たとえば次に紹介するドレッシングの素材では以下のような下処理を施します。

・ゴボウは、アクがあり、素材の色がそのまま反映されて黒ずんだ製品になりがちです。生のままをドレッシングに入れるのは難しいので、加熱しておきます。

・イチゴは、果肉表面のいわゆる「種」とされるツブツブ（本来は実）が多いと、食感がやや気になります。そこで、裏ごし機などで種を除いて、ビタミンＣやレモン生果汁を加えて加熱をしておきます。裏ごし機の網は０・５㎜程度の大きさであれば種を除けます。

・ショウガは、すりおろしをそのまま使うのではなく、すりおろして柑橘果汁や砂糖と一緒に火を入れてピューレにしておくと、まろやかさを出すことができます。なおショウガは新ショウガを使わないと、すりおろした時に繊維質が強く張ってしまい、なめらかなピューレにしづらくなります。ショウガのピューレは、新ショウガのとれる時期に、まとめてつくるようにします。炊き込んで容器に小分けにして殺菌処理をしておくと、一年中使えます。すりおろしに酸を加えるときれいなピンク色に発色します。

人気のドレッシング

肉に合うゴボウ味噌のドレッシング

肉をおいしく食べるドレッシングですが、ドレッシングでありながら焼肉のタレのような風味の製品になります。ゴボウと味噌が一緒になると、野菜にも肉にも合うことが実感できます。

【仕上がり（分量）】

２００㎖ビン30本分

【原材料】

ゴボウ（ピューレ）１５００ｇ（ゴボウ１kgを蒸し、水さらし、加水後ミキサー）

鰹・コンブ出汁１５００ｇ／濃口醤油１１００ｇ／タマネギ（おろし）１１００ｇ／味噌７５０ｇ（裏ごし）

みりん７５０ｇ／砂糖４５０ｇ／食用植物油脂３６０ｇ／醸造酢５５０ｇ／ニンニク60ｇ（皮むき、すりおろし）

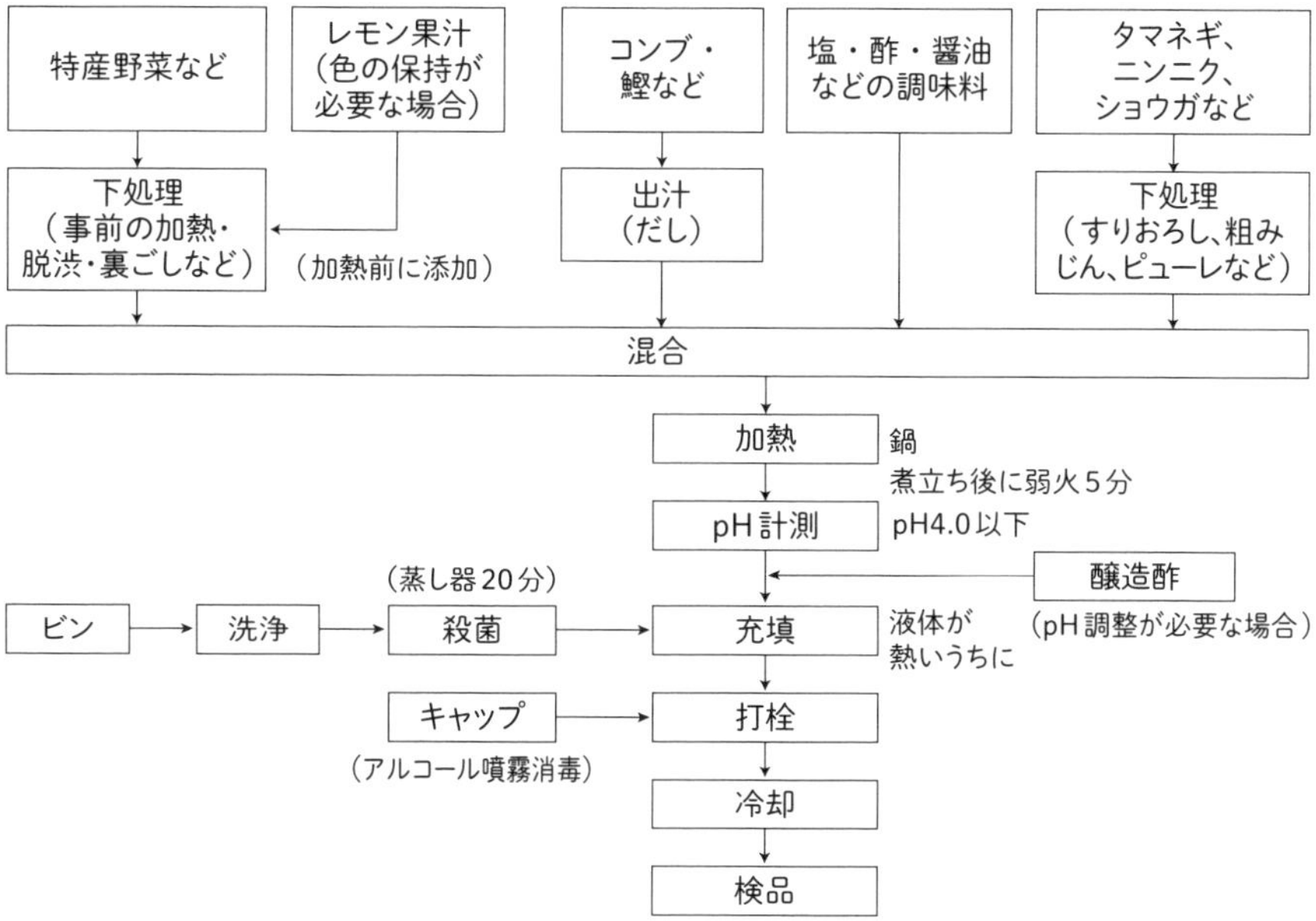

図4－2　ドレッシングの基本製造工程

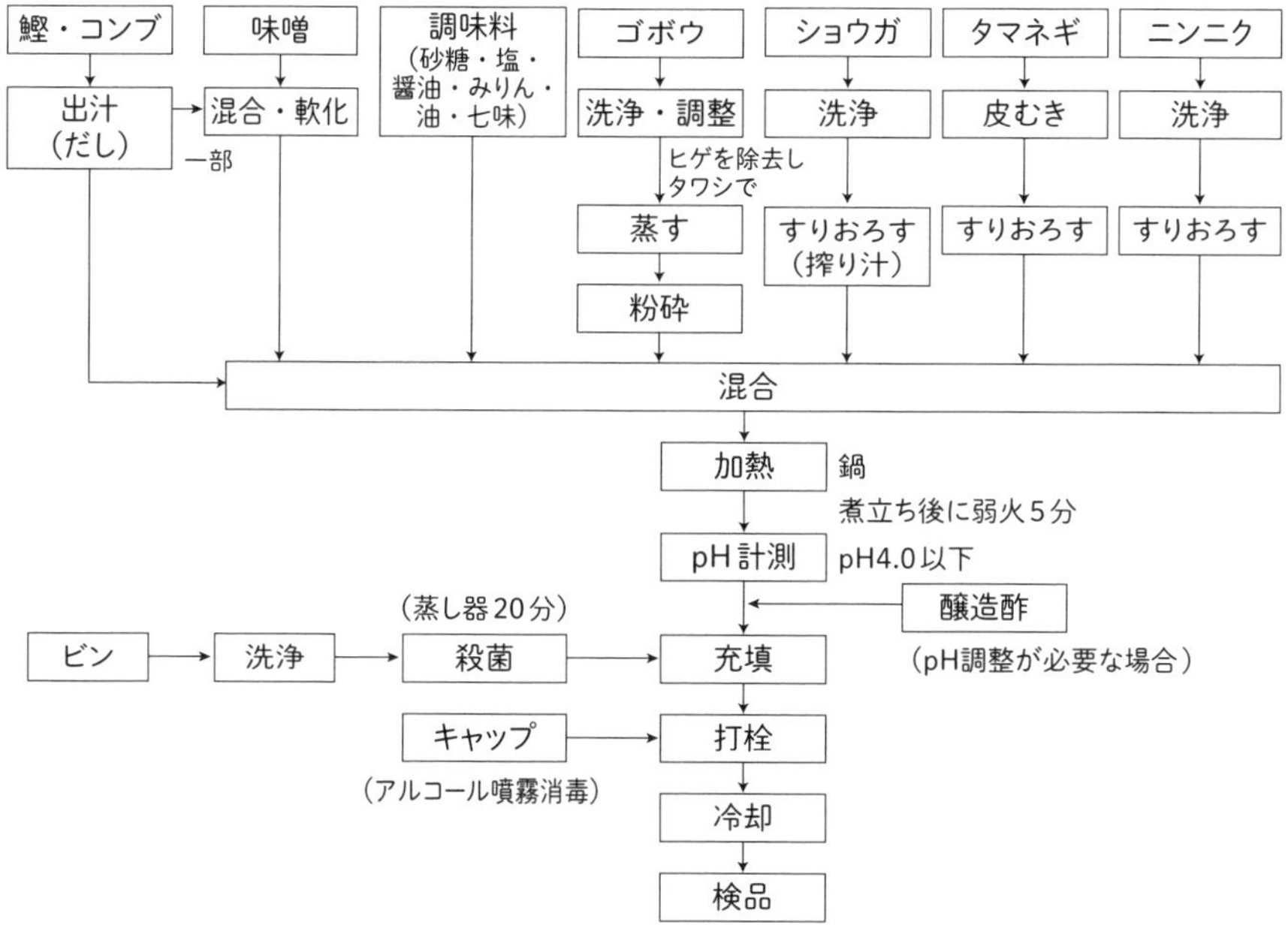

図4－3　ゴボウドレッシングの製造工程

／食塩60ｇ（味の具合で量の調整を）／ショウガ（搾り汁）60ｇ／七味3ｇ

【製造の流れ】

①あらかじめ鰹・コンブの出汁をとっておく。ショウガは、すりおろして搾り汁をとる。ニンニクは、皮をむいてすりおろす。タマネギは、ミキサーにかけておく。
②ゴボウは、洗浄後、蒸し器で蒸して水にさらしアクを出す。その後、ミキサーに入れ加水して粉砕する。
③味噌は、鰹・コンブ出汁を加えてのばし、裏ごししておく。
④ゴボウのペーストと、タマネギ、ショウガの搾り汁を一緒に鍋に入れ、調味料を加えて煮込む。
⑤ビンを洗浄して蒸し器などで殺菌しておく。
⑥鍋が煮立ったら、弱火にして10分煮込み、pHを測って4・0以下になるよう必要に応じて酢で調整する。
⑦殺菌済みで熱い状態のビンに充填し、早く打栓して冷ます。

イチゴのフルーティーなドレッシング

イチゴの鮮やかな色合いが人目を惹きます。甘酸っぱさとフルーティーなイチゴの味が特徴で、サラダや蒸し鶏、魚のカルパッチョなどにも合います。

【仕上がり（分量）】

２００㎖ビン30本分

【原材料】

「イチゴ」ピューレ５０００g（無糖、加熱済、青果原料では6kg）／コンブ出汁１５００g／醸造酢６００g／砂糖９００g／みりん５００g／タマネギ７５０g／油脂２５０g（オリーブ油１５０g、サラダ油１００g）／レモン生果汁１８０g／塩１８０g／ショウガ（ピューレ）90g（ショウガ１００g、レモン生果汁30g、砂糖30gを加熱）／こしょう少々

【製造の流れ】

①あらかじめコンブの出汁をとっておく。イチゴは、ミキサーで砕いて裏ごしし、種を除去する。色を保持するために、レモン果汁を加えて80℃前後まで加熱して急冷しておく。ショウガをすりおろし、レモン生果汁と砂糖を加えて、鍋で加熱しピューレをつくる。タマネギも、すりおろす。
②調味料を計量し、混合して鍋に入れる。次いで、イチゴのピューレ、タマネギのすりおろし、ショウガピューレを加えて煮込む。
③ビンを洗浄し、蒸し器などで殺菌しておく。
④煮立ったら、弱火にして5分煮込んで、pHを測って4・0以下になるよう酢で調整する。
⑤殺菌済みで熱い状態のビンに充填して、素早く打栓して冷ます。

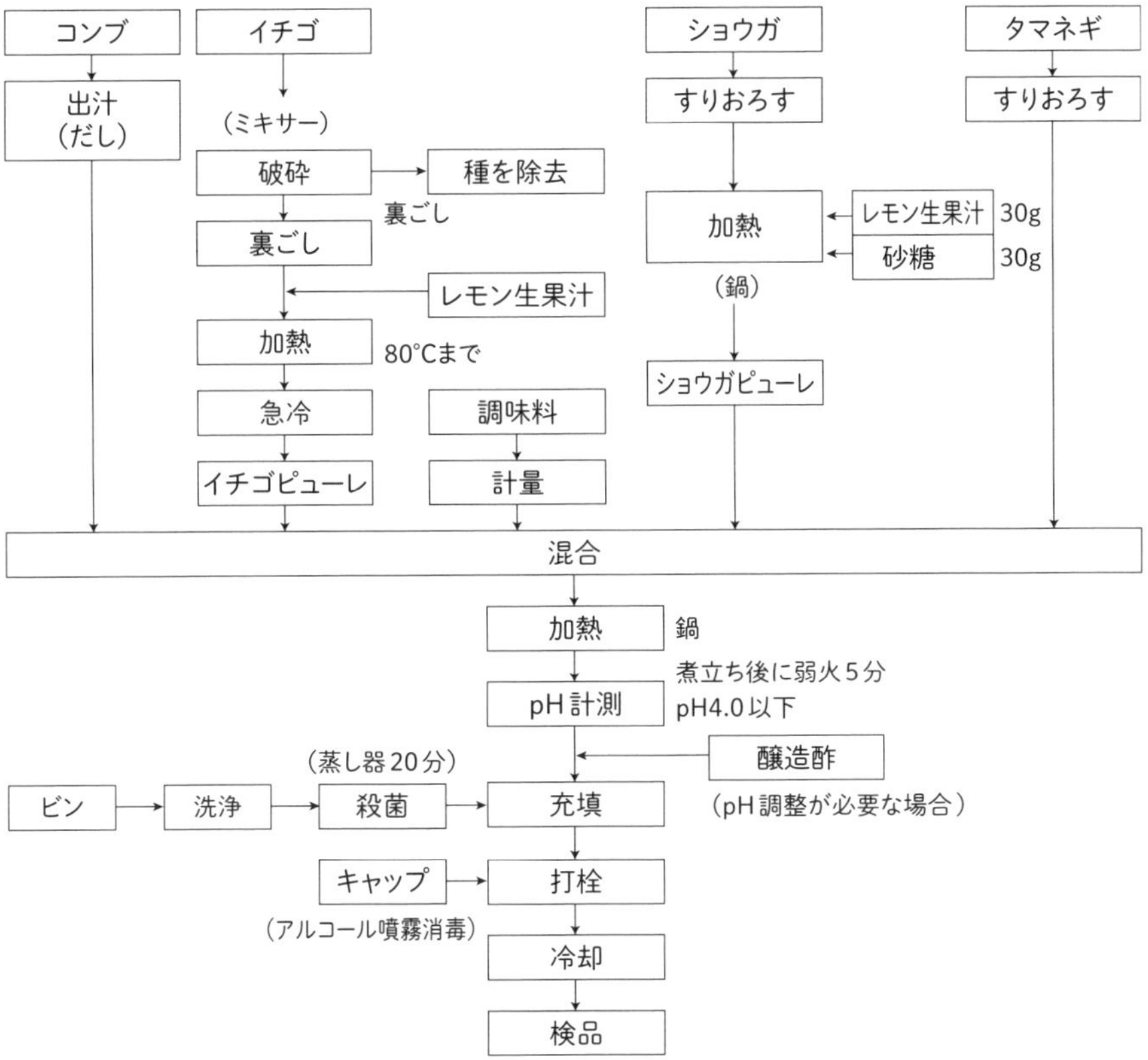

図4－4　イチゴドレッシングの製造工程

酒かすドレッシング

酒蔵が多い地域は、春に蔵開きの催しがあり、これに合わせて地元の加工所が製品化する取り組みをお手伝いしましたが、あえて塩っぽさを出さずに、酒かすの風味を楽しむような仕上げにしました。お好みで味の調整は可能です。

【仕上がり（分量）】

220㎖ビン20本分

【原材料】

タマネギ1000g（おろし）／出汁1000g（コンブ・鰹）／みりん600g／醸造酢600g／

酒かす400g／白醤油200g／

味噌100g（裏ごし）／レモン生果汁100g／

ニンニク20g（おろし）／植物油脂100g／白こしょう適量

【製造の流れ】

①あらかじめコンブ・鰹の出汁をとっ

ておく。タマネギやニンニクはすりおろしておく。味噌は裏ごし、酒かすは酢やみりんなどと合わせて一緒にし、ブレンダーで柔らかくしておく。

②タマネギのすりおろし、出汁、調味料、レモン果汁、ニンニクなどを計量し混合して鍋に入れ、煮込む。

③ビンを洗浄して蒸し器などで殺菌しておく。

④鍋が煮立ったら、弱火にして5分煮込んで、pHを測り、4・0以下になるよう酢で調整する。

⑤殺菌済みで熱い状態のビンに充填して、素早く打栓して冷ます。

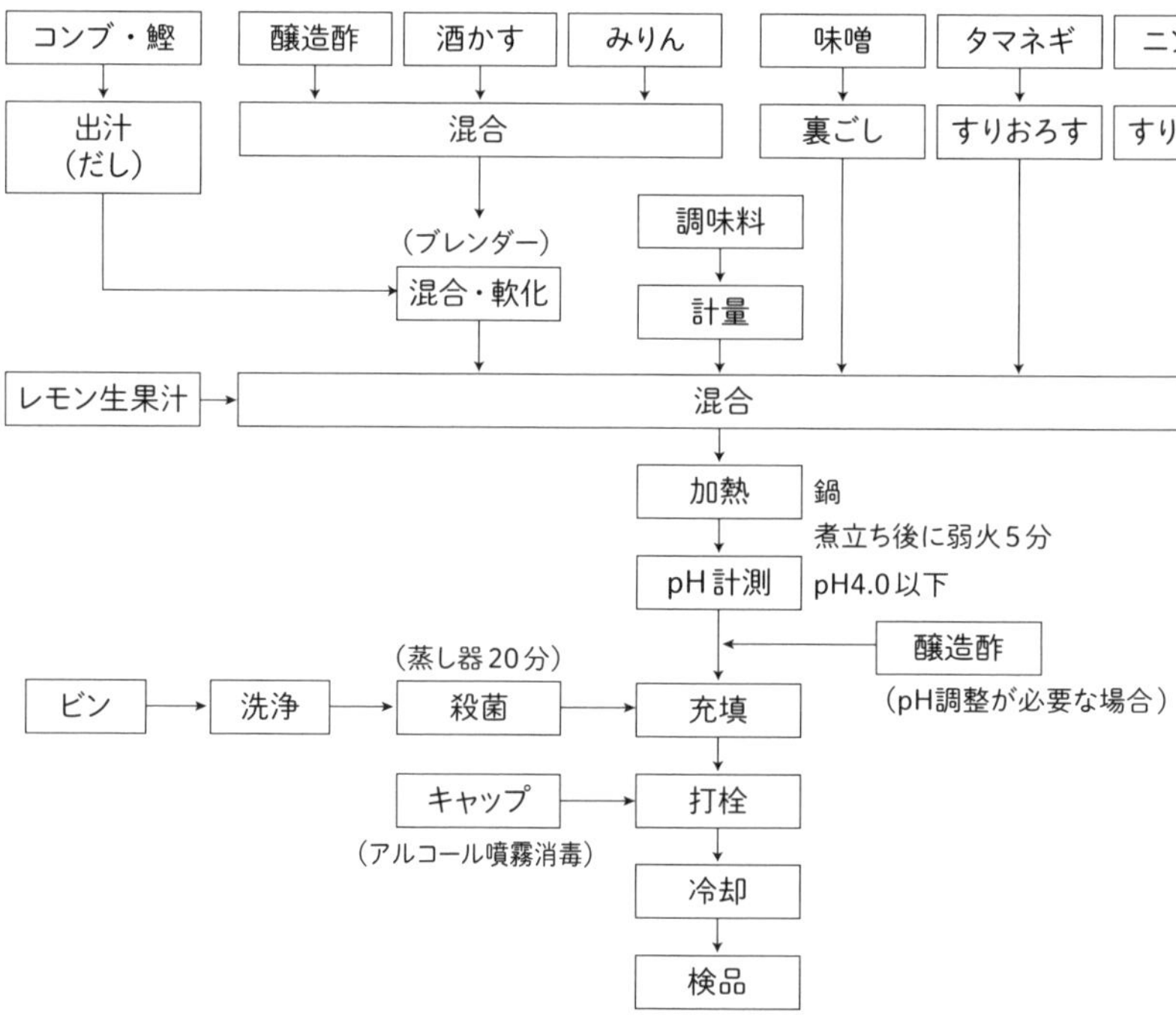

図4－5　酒かすドレッシングの製造工程

12 惣菜（容器包装詰低酸性食品）

惣菜製品づくりに向けて

人口減少でも人気

惣菜を真空包装した商品は、今ではコンビニの棚でも大きなスペースをとるくらいに存在感があります。惣菜のような家庭料理をそのまま閉じ込めたような製品は、誰にでも商品化できるチャンスを感じさせるものがあります。

私の加工所がある福岡県筑前町の直売所「筑前町ファーマーズマーケットみなみの里」では、加工品のなかでも売上げ伸び率の上位にあるのが、真空包装して加熱殺菌処理された「筑前煮」「煮豆」「鶏ご飯の素」だそうです（写真4－11）。ゴボウ・サトイモ・鶏むね肉・シイタケ・ニンジンなどでつくる筑前煮や、具材がいっぱい入った鶏ご飯などは、材料を揃えてつくるのがちょっと面倒だなと感じるものです。煮豆にしても材料がふんだんに使えないし、水に浸すところからなら時間もそれなりにかかります。

この素材を集めることや、つくるにもちょっと手間がかかるなと感じるような惣菜の加工品が、一般の家庭向けには人気があってよく売れているというわけです。惣菜を買って持ち帰る、いわゆる「中食《なかしょく》」分野の製品は、人口減少のわが国にあっても今後も需要増加が予想されています。農産加工を展開する上でも、保存性の高い惣菜の製造は有望分野だと思われます。

写真4－11　惣菜
みなみの里の筑前煮

大事なのは調理との境界を意識すること

一方で惣菜加工品を日持ちさせるためには、容器包装と包装後の加熱殺菌が欠かせません。これは調理と加工の境界線にあたります。たとえば、出来立てが一番おいしい状態の料理を、真空パックしてボイル殺菌します。すると、いろいろな点でボイル前とは異なっていることに気づきます。

素材の「ふんわり感」は失われる可能性があります。とくに、ハンペンの煮物や厚焼き玉子などは、真空包装と脱気には不向きです。その理由は、真空包装では内容物に残った空気を残さず抜いてしまうため、形が潰れてしまうからです。同様に、野菜は容器包装後のボイル殺菌で、火が通りすぎてしまい、食感は柔らかく煮えた食感になりがちです。

製造の前から、最後のボイル殺菌によって余計に熱が入ることを見越して、調理加工の仕方を選択する必要があります。熱をしっかり伝えながらも、食感を損なわないようにするために、あらかじめ素材を調味液で下茹でして締めておく方法などもあります。

「容器包装詰低酸性食品」の保存性

実際に売るための惣菜製品をつくるには、保存性を念頭に置くことが求められます。真空包装やビン詰めの商品は、容器包装詰食品にあたります。国や自治体では「容器包装詰低酸性食品」として、pHが4・6を超え、かつ水分活性が0・94を超えるものであって、120℃、4分間に満たない条件で殺菌を行なったものと規定しています。多くの惣菜はこれにあたります。この「容器包装詰低酸性食品」に関しては、ボツリヌス菌による食中毒対策が求められます。具体的には、以下のいずれかでの製造・流通を求める動きになってきています。①「中心部の温度を121℃以上で4分間加熱する方法又はこれと同等以上の効力を有する方法での殺菌」（これはつまりレトルト殺菌です）、②「冷蔵（10℃以下）の保存」。ちなみに②の場合は賞味期限1か月くらいに設定されるケースが実際には多くみられます。

この「容器包装詰低酸性食品」の取り扱いについて、食品加工の業界に周知されたのは2008年ころからです。それ以前は基本的には100℃以下の低温殺菌がなされた品物は常温で取り扱われるケースが多くみられました。

かつては、低温殺菌の標準的な方法というものはありませんでした。このため、常温に置いたために数日で商品が発酵して膨らむなどして悪戦苦闘して改良を重ねた加工所は全国各地にあると思います。その結果、独自に技術を磨かねばならなかったという経験も多かっただろうと思います。

厚生労働省の資料では、実際に販売されている商品で「鶏肉入りきんぴらごぼう」（pH5・1、水分活性0・97、容器包装後100℃、60分の加熱）、「しいたけ海苔佃煮」（pH4・7、水分活性不明、100℃で1時間加熱後にビン詰めし86℃、20分の加熱）などは常温での販売もみられます。

こうしたことから、農産加工においては特別な目的のある長期保存を想定しない限りは、レトルト加工処理がなされた製品のように長い賞味期限の設定が可能なもの以外の商品については、安全性への配慮から「冷蔵にして、1か月程度日持ちする」ことを念頭に商品設計を行なう方がよいと思います。

賞味期限を延ばすなら「酸味」がポイント

真空包装した惣菜製品の賞味期限を独自に工夫して延ばしたいというのならば、pHを下げるのが一番取り組みやすいかもしれません。すべての惣菜品にあてはまるわけではありませんが、pHを下げるには、甘酢やトマトピューレを配合する方法もあります。ただ、「容器包装詰低酸性食品の取り扱い」に示されたpH4・6以下というのは結構な酸味です。調味液に酢を配合するのは一つの手段ですが、惣菜によってはこの酸味によって「傷んでいる」と誤解されることがあるので、注意すべきです。過去にはこんな助言をしたことがあります。「混ぜご飯の素」をつくっている加工所からの商品の常温販売の相談でしたが、商品名を「ちらし寿司の素」に変え、pHをさげても違和感がないようにすべきだと提案しました。

「手づくりの延長気分」を改め、見栄えも重視

農産加工品の惣菜商品は一見すると、家庭料理の延長にあるようですが、家庭料理をそのまま真空包装して加熱殺菌しただけでは、まず売れません。実際に商品にするには、見た目が大事です。たとえば「野菜の炊き合わせ」のような製品を考えてみましょう。真空包装後に加熱殺菌する場合、包装後の加熱で材料に干しシイタケが加わると、周りの野菜の色が黒染んでしまいます。そこで、それぞれの野菜を別々に炊き、後で合わせて袋詰めし、加熱殺菌することで、それぞれの素材の色合いを生かす製品にしました。

宮崎県の民俗芸能「神楽」の煮しめ料理を、真空包装商品にしたことがあります。サトイモは煮崩れないように、

調味液の中でさっと下茹でして、包装する時に初めて他の野菜と合わせるようにしました。これも荷崩れや色移りができるだけ起きないようする工夫でした。5種類の野菜は、別々に出汁で炊いて、最後に合わせるようにしました。シイタケとニンジンなどは一緒に炊くと明らかにニンジンの色がくすみます。結びコンブを具材に入れる場合は、煮すぎると溶けて煮汁全体が緑色に濁るので、下茹でして最後に鍋に加えるくらいにとどめます。煮しめの出汁は別のコンブでとります。こうしたことは私が通っている加工講座（177ページ参照）で小池芳子先生（小池手造り農産加工所）にヒントを教えていただいた方法です。

「混ぜご飯の素」に千切りのニンジンを混ぜると、きれいな色目が非常に映えます。ここでも、他の野菜の煮汁が影響しないよう、ニンジンは一緒に炊くのではなく、塩揉みしておき最後に具材に加えて袋詰めして加熱殺菌します。

煮豆やクリの渋皮煮など、柔らかく仕上がって形が崩れる心配がある煮物には、普通の長方形の袋よりも、スタンド式で底が広がるガゼットが付いた袋を使います。このスタンド式の方が、保護材として煮汁を一緒に封詰めできます。

また肉類を入れる惣菜加工品を冷蔵で保存する場合には、とくに動物性脂肪分が白く固まり見栄えを損なうことがあります。そこで、よほど脂の味わいが製品に必要でない限り、下茹でして脂を抜いてから使うなども工夫の一つです。下茹でによって、余分な血液なども除去できて、後で炊く時にアクを減らすことにもつながります。

奥の手の素材も、品質表示を考えて

料理上手な人は、人知れずやっているようですが、惣菜加工において最後の仕上げのまさにその時に、瞬時の判断で「前々から熟成させてきたウメのエキス」「秘伝の出汁」などを一振りして完成させることが多いようです。ただ、農産加工では「この一振り」は要注意です。

その場の味は確かに調うのですが、毎回、最後の一振りを必要とするかどうかはわかりません。その時の仕上がり具合によってその一振りの量も変わるとなると、食べた人を納得させることはできても、ラベル表示で記載する原材料についても変更しているわけで、正確な情報の伝達がついつい疎かにならないでしょうか。商品である以上、基本的には味はもちろん製法も一定を保つ、ということが加工品には必要な要素となります。毎回、加えるものでその内容物が変わってくるのは、栄養成分表示やアレルギー物質の混入などについても影響するだろうと考える必要があるのです。こうした点も、加工品と調理の大きな「違い」の一つではないかと思います。

　製造したものについて、説明責任を後々まで果たす義務があるのが加工品なのです。

惣菜のあれこれ

干しタケノコ・シイタケ・コンニャクの「うま煮」

　シイタケは「干しシイタケ」になるとたいへん高価ですが、産地の方では生シイタケが市場出荷される時期には、値段が安くなる傾向があります。この生シイタケを数日間冷凍庫で凍らせるだけでも、干しシイタケに近い旨味をもつものに変わります。

　一方、干しタケノコは茹でたタケノコを乾燥させたもので、九州を中心に西日本の山間部でみられ、干しシイタケと同様に水やお湯でもどして使います。コンニャクは、出汁の味を含んで食感もよいため煮物の加工品には欠かせません。

【製造のポイント】

・シイタケは生シイタケを冷蔵庫で冷凍させたものを使用します。干しシイタケを使うよりもコストを抑えられるので、素材としてもたっぷり使えます。

・干しタケノコが手に入らない場合は、タケノコの水煮で代用もできます。真空包装機があれば、タケノコの水煮も製造しておくとよいでしょう。

・炊き合わせる際、コンニャクの汁気がなくなるまで、からからに炊き上げます。炊きながら、コンニャクやシイタケから水分をとばしていくと、少量の調味液でも味が全体にのるようになります。

・炊き終わってから、炊き合わせたものを番重などに開けて冷蔵庫で冷ますと、残っていた調味液も、具材にすべて染み込みます。

【仕上がり（分量）】

１５０ｇパック60〜70袋

【原材料】

干しタケノコ（もどしたもの）５・５kg／コンニャク（熱湯で下茹でしたもの）６kg／シイタケ（足の先を除いて冷凍したもの）４kg／鶏（むね肉）６００ｇ

出汁（鰹・コンブ・シイタケ）３６００ｇ／濃口醤油１１００ｇ／本みりん５００ｇ／砂糖５００ｇ／酢１２０ｇ／水飴60ｇ／赤トウガラシ粉　適量

※干しタケノコが入手できない場合は、
　タケノコの水煮で代用してもよい

【製造の流れ】

①干しタケノコ（もどし）、コンニャク（下茹で）、シイタケ（解凍したもの）１cm幅にカッターで細長く刻んでおく。鶏のむね肉は一口大にカットして下茹でしておく。

②鍋に薄く油をひいて、鶏のむね肉を炒め、そこに干しタケノコ、コンニャク、シイタケを投入しよく炒める。

③出汁（鰹・コンブ・シイタケ）を加えて炊き、砂糖、本みりん、醤油、酢を加え、アクをすくいながら、煮詰めていく。最初は強火で、水分が少なくなってきたら、火を中火にして焦げないようにかき混ぜながら、煮含める。鍋に水分が残らないくらいになったら、仕上げに水飴と赤トウガラシ粉を投入してよく混ぜ合わせる。

④内容物を番重などに移して広げ、ふたをして冷蔵庫で、一晩よく冷やしておく。

⑤冷蔵庫から取り出して、全体をよく混ぜ、ラミネート袋に計量して詰め、真空包装機で脱気密封する。その後90℃のお湯で30分間ボイル殺菌する。

⑥殺菌終了後、冷たい水でしっかりと冷やす。

鶏めしの素

鶏めしは「かしわめし」とも呼び、九州など西日本の直売所で、おにぎりやパック飯の商品として販売される商品の一つ。「鶏めし」というと「鶏そぼろ」と連想されることも多いのですが、どちらかというと「かやくご飯」や「混ぜご飯」の仲間になります。最大の特徴は、鶏の脂の旨味とゴボウの歯ざわりです。

この鶏めしを自宅でも簡単に楽しめる、「鳥めしの素」も人気がある商品です。真空包装されて、加熱殺菌処理が施された商品は、お土産品になる物菜としても売ることができます。

【製造のポイント】

・鶏めしでは、鶏の脂が重要な役目を担っています。親鳥の硬い肉はよく旨味が出ますが、食べやすさを考えれば、若鶏でも構いません。

・調理品としての鶏めしでは、鶏肉とタケノコや干しシイタケ、ニンジン、ゴボウなどを鍋で煮汁とともに炒り煮して味をからませてから、煮汁と具材をご飯に混ぜ込んでいくのが一般的です。これを「加工品」でつくる時には、具材の食感を大事にするため、煮汁の味をからめて、一煮立ちさせた程度で火を止めて、具材と煮汁を分けて冷まします。冷ますことで食感が非常によくなります。

・最終的には具材と煮汁を計量し、ラミネート袋に入れて脱気密封し、ボイル殺菌を行ないます。

【仕上がり（分量）】

鶏めしの素250g（2合炊き分）50袋

【原材料】

鶏肉3・5kg／ゴボウ6kg／ニンジン2kg／薄揚げ100枚（油抜き）／干しシイタケ100枚（もどし）／濃口醤油2kg／みりん800g／砂糖600g／酢120g

【製造の流れ】

①ゴボウとニンジンはていねいに土を落として、土が入り込んだ部分は削って除去し洗浄した後に、ゴボウはささがきにして水に浸してアクを抜き、ニンジンは千切りにしておく。

②もどした干しシイタケ、油抜きした薄揚げは細かく刻んでおく。

③鶏肉は細かく切っておく。

④鍋に油をひき、鶏肉を炒めてから、調味料と干しシイタケとゴボウを一緒に入れて火にかけて全体に火を通します。

⑤天地替えの要領で鍋の中身を返して調味液と熱を行き渡らせてから、火を止めてニンジンと薄揚げを加えて全体を撹拌する。

⑥熱いうちにザルとボウルで具材と煮汁を分けてから、冷蔵庫で別々に冷却しておく。具材の食感を残し、余熱で色目を悪くしないため。

⑦冷めた具材と煮汁を取り出して、ラミネート袋に具材160～180g、調味液70～90gを入れて正味250gに計量し、脱気密封して、90℃で30分間ボイル殺菌を行なう。

⑧殺菌が終了後、冷たい水でしっかりと冷やす。

※「鳥めしの素」の利用には、①洗った米に本製品を加えて、炊飯に必要な分量の水を調整して炊飯する（炊き込み）、もしくは②炊き立てのご飯に、本製品を加えて混ぜて、30分ほど蒸らす（後混ぜ）、という二通りがある。

チキンライスの素

「鳥めしの素」に続いて、ここでは「チキンライスの素」を紹介します。トマト洋風炊き込みご飯の素です。トマトピューレを自家製でつくることができるなら、さらに濃厚な風味と旨味を楽しめる製品になると思います。

【仕上がり（分量）】

チキンライスの素300g（2合炊き分）60～70袋

【原材料】

鶏肉5kg／タマネギ6kg／パプリカ3kg／トマトピューレ8kg／ニンニク200g／鶏スープ2kg（鶏がら800gに、水3ℓ）／マッシュルーム500g／塩350g／日本酒900g／白こしょう少々／オレガノ（スパイ

ス）少々

【製造の流れ】

①鶏スープは、鶏のガラを2～3時間炊いて、アクをすくいながら澄んだ状態に仕上げる。

②トマトは、15kgを砕いて煮込み、裏ごしした後に、煮詰めて濃縮しておく（ピューレにする）。

③タマネギ、パプリカは1cm角のあられ切りにする。ニンニクはみじん切り、マッシュルームは薄切りにする。鶏肉は細かく切っておく。

④鍋に火をかけてバターを溶かし、ニンニクとタマネギを弱火で、色が透き通るまで炒める。

⑤鶏肉を加えて炒め、火が通ったら鶏スープを加える。

⑥トマトピューレを加え、調味料を加えて煮込み、最後にパプリカ、マッシュルームを入れて火を止める。ここで塩気の具合など味を調整する。具材と煮汁をザルなどで分けて、ともに冷蔵庫で冷やす。

⑦冷蔵庫で冷めた段階でラミネート袋に、具材と煮汁を均等に入れ正味300g程度になるよう入れて脱気密封し、90℃で30分間のボイル殺菌を行なう。

⑧殺菌終了後、冷たい水でしっかりと冷やす。

ジビエ肉の炊き合わせ

ジビエ肉は、最近では解体処理施設が各地に整備されたことで、血抜きされて鮮度の良い肉が出回るようになりました。ただ、今なお調理の際の臭みなどで敬遠されがちです。しかし加工の段階でしっかり下処理を行なえば、甘辛く親しみやすい味わいに仕上げることもできて、うどんの具材やご飯のおかず、コロッケの具材などに使えるようになります。また、地元消費の他、お土産品としても、PRできる商品にできます。

【仕上がり（分量）】

ジビエ肉の炊き合わせ200g25袋

【原材料】

ジビエ肉（猪や鹿の肉。バラ、ロースなど）1・2kg／ダイコン（皮むき、輪切り）1・2kg／ゴボウ（皮むき、そぎ切り）600g／ニンジン（皮むき、そぎ切り）400g／揚げ豆腐400g／出汁（鰹、コンブ）400g／濃口醤油100g／本みりん60g／焼酎60g／味噌40g／砂糖40g／酢20g／ニンニク20g／ショウガ（おろし）20g

【製造の流れ】

①ジビエ肉は、繊維を切断するように小口に切る。小さくなりすぎないように注意。

②ダイコン、ゴボウ、ニンジンは皮を削いで切り、水でさらしておく。

③油をひいたフライパンでジビエ肉を炒めてから、いったん、湯で洗って血やアクを流し落とす。その後、焼酎とニンニク、ショウガと一緒にフライパンで煮ていく。
④別の鍋に出汁と調味料を合わせて火にかけ、ジビエ肉を入れ、次いで野菜、揚げ豆腐を加えて炊き込む。アクをこまめにすくいとる。
⑤落としぶたをして、中火で炊く。肉に味が染みて野菜が柔らかくなるまで、ゆっくり炊き合わせて火を止める。番重などに開けて冷蔵庫で冷やす。
⑥冷蔵庫で十分に冷えたら、全体を混ぜ合わせて、ラミネート袋に、具材と煮汁を正味200g程度になるよう均等に入れて、脱気密封し、90℃で30分間ボイル殺菌を行なう。
⑦殺菌終了後、冷たい水でしっかりと冷やす。

ユズ味噌の加工

ユズは、香酸柑橘で果汁にも果皮にもそれぞれ華やかな風味があり、西日本を中心に各地でさまざまな加工品に利用されます。たとえば、生果を丸ごと味噌に入れる、甘露煮風に炊いたユズ皮を味噌につける、酒かすと味噌をブレンドした漬け床に入れるなどさまざまです。一口にユズといっても、品種や地勢によって育ち方も味わいも香りも違うので、やはり土地に合うユズ味噌の漬け方というのがあるのだと思います。ここでは、味噌床に漬け込む方法を紹介します。

【仕上がり（分量）】
ユズ味噌100g25袋

【原材料】
ユズ皮2kg（下茹でして苦みを除いたもの）／味噌500g（裏ごし）／濃口醤油100g／ザラメ糖400g／日本酒100g／コンブ20g／本みりん少々

【製造の流れ】
①ユズ皮を3㎜×7㎜ほどの適度な大きさに切り揃えて、たっぷりの湯で2～3回茹でて水にさらして苦みを調整し、最後に水を切っておく。
②醤油に日本酒とザラメ糖、本みりんを入れて、小鍋で火にかけて温める。裏ごしした味噌を加えて馴染ませ漬け床をつくる。この漬け床に、コンブを敷くように入れて水分を切ったユズ皮を混ぜ込んでいき、最後は空気を遮断して1～2か月置きます。
③味が馴染んだら取り出して、ラミネート袋に100gずつ計量して脱気密封し、90℃で30分間ボイル殺菌を行なう。
④殺菌終了後、冷たい水でしっかりと冷やす。

13 漬物

漬物を確実な製品に仕上げるために

原料洗浄・製造環境・温度管理の三つがポイント

漬物は、2018年の食品衛生法の改正、衛生管理手法「HACCP」の制度化に伴い、他の許可対象の品目と同様に許可をとるか届け出を必要とする品目になった、衛生に配慮して製造すべき製品です。それ以前にも2012年に、白菜浅漬け製品で病原性大腸菌O−157による集団食中毒事件が発生し、残念ながら多くの死者も出たため、その後、厚生労働省により「漬物の衛生規範」が改正されるに至りました。また、2014年に夏祭りで販売された冷やしキュウリでも、500名を超える多数の人に食中毒が発生しています。こうした状況が、「誰でも簡単につくって売ることができた」漬物の製造に関して、衛生面を重視した製造を求める理由にもなっていると思います。

実際の製造を行なっている加工所などを観察していると、とくに「原料洗浄」と「製造環境」と「温度管理」が大事だと気づきます。原料洗浄がしっかりしていると、土壌菌や外部から付着する微生物の原料の汚染がシャットアウトできます。製造環境では、流水をふんだんに使えること、原料や製造器具をこまめに洗浄できること、作業台なども清浄な状態で製造にとりかかることなどができれば、間違いありません。温度管理ができていないと野菜が乳酸発酵して軟化し売り物にならなくなるケースもあります。冷蔵庫を設置し、雑菌を繁殖させないことが、品質の安定には重要です。

「保存性をもたせたもの」と「保存性に乏しいもの」

漬物にはいろいろな漬け方があり、伝統的な製法による漬物もあれば、全くのオリジナルな製法と材料でつくるものもあります。そうしたバリエー

ション豊かなところが漬物製品の楽しさといえます（写真4－12）。その一方で、漬物の製品については製法によって食品表示ラベルの商品名や保存性の考え方について一定の決まりがあるので、それを押さえておくことが大事です。

厚労省の「漬物の衛生規範」では、漬物について「保存性をもたせたもの」と「保存性に乏しいもの」という二つに定義しています。「保存性をもたせたもの」とは、「塩4％以上」（あるいはアルコールを添加する場合は、アルコール濃度を塩分濃度に加算できる）、「pH4・0以下」、「塩分濃度が3％以上、4％未満で、かつpH4・6以下」「粕漬け」「容器包装後、加熱殺菌したもの」とされています。一方、「保存性に乏しいもの」とは、冷蔵して1週間以内で食べきるものとされます。

私は、各地の商品としての漬物をつくってみたいという方に向けた加工セミナーで話をする時には、まずは「保存性のある漬物」から始めるようにしています。保存性のある漬物とは、ダイコンなどの酢漬け・甘酢漬け、漬け菜の出汁漬けや古漬け、ニンジンやダイコンの味噌漬けや福神漬け、ナスやキュウリの辛子漬けやニンニク醤油漬け、ピクルス漬けなどです。

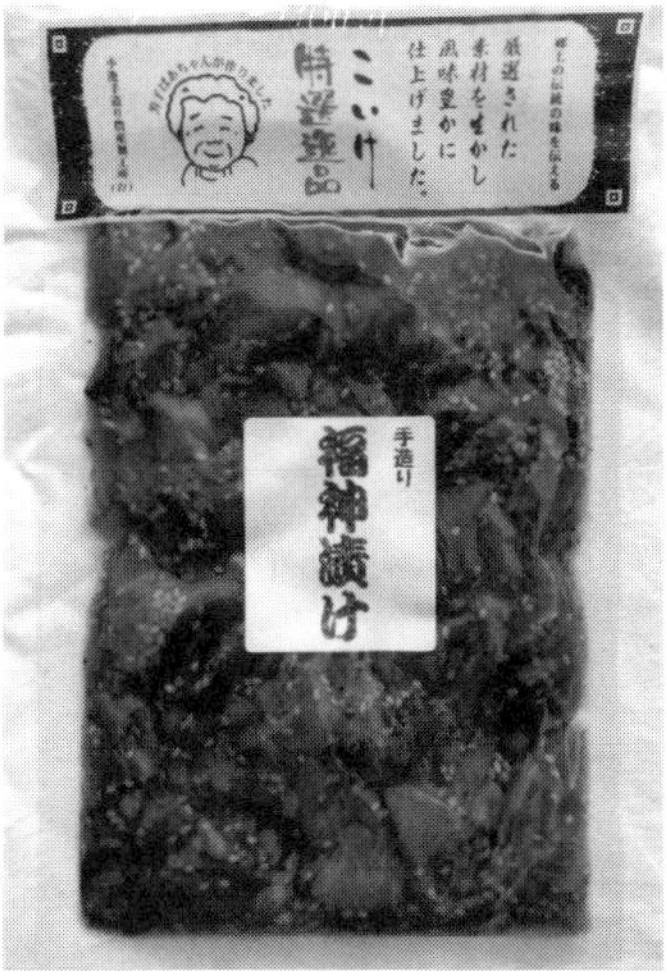

写真4－12　漬物（小池手造り農産加工所製）

素材の中の水分を抜き、旨味や熟成を行き渡らせる

私が師と仰いでいる長野県の小池芳子さん（小池手造り農産加工所会長）がつくってきた「大根の一本漬け」は、本当においしい。まず一本漬けのボリューム感がよく、食べてみると、その食感の良さ、漬け込んだ調味液の配合の良さなど、飽きない味です。同じく「ウリの粕漬け」も、そのパリパリの食感が絶妙で、小さな子どもも、いい音をたてて喜んで食べます。こうした食感と味わいが良い漬物の基本にあるのは、塩でしっかり素材の水分を抜いてあることです。素材の水分を抜くことが、確実で安全で食感がいい漬物づくりの基本だという見本だと思います。

水分をしっかり抜いて漬け込んだ食感のある漬物は、栄養分は水と一緒に全部抜け出るのではなく、組織内で凝縮するので、ある程度とどまった状態で保存もできます。

世の中の料理本やインターネットのレシピサイトなどをみると、低塩で下漬けがあまりされていないものも多数紹介されています。ただ、こうした水抜きがあまり重視されていないつくり方は、もっぱらつくって間もなく食することを念頭に置いた、「保存性に乏しいもの」です。保存性を期待した製法とは区分して、頭に入れた方がよさそうです。

「漬物＝塩分」のネガティブイメージから脱却し、地域の個性を表現

かつて冬場の気象条件が厳しかった地方では、保存食としての漬物は、おのずと塩分が濃いものが主流となっていて、その影響からか、高血圧などの遠因になりやすいとされてきました。加工品の漬物でも、減塩が求められた時期があります。また、漬物独特の発酵臭や熟成香が敬遠されがちだった時代もありました。しかし、近年では漬物がかもし出す濃い地域性が逆に注目され、土地の素材や食文化を表現する個性的な存在として、新たな評価を得ている例もみられます。

それだけに、伝統的な漬物の製法を、きちんと今の視点で見直していく作業も大事だと思われます。安全・安心で健康によく、おいしい漬物に仕上げて、次代へと引き継ぎたいものです。おばあちゃんと孫が一緒に、たとえば漬け菜の独特な発酵臭を共有し、食べ合うことができるような存在であってほしいと思います。

伝統的な製法も今の視点から見直す
――近江のふな寿司の場合

私が所属している、全国の農産加工の交流会で、滋賀県の仲間から、私の好物の「ふな寿司」づくりのワークショップがあると誘いがあったので参加しました。ふな寿司は、琵琶湖でとれるフナに、米を詰めて発酵させたもので、チーズのような発酵臭が独特の伝統的なたべものです（写真4－13）。水産加工物であり、寿司なのですが、塩漬けにして発酵させる点など、まるで漬物です。

写真4－13　ふな寿司
（写真：太田滋規、『地域食材大百科』第6巻すし　より）

冬場の丸々としたフナを捕獲し、口から卵以外の内臓を抜いて（「すぼ抜き」という）、空いた腹腔の中に塩を詰め、強めの塩蔵にします。こうした塩蔵のフナを、地元の漁業協同組合（漁協）の商品として取り扱っています。真夏になって、その塩蔵品を買い求め、鉄のブラシやタワシで、体表面やヒレ周りのヌメリとウロコを、徹底して除去するようにていねいに洗います。次にこれを風に当てて陰干しし、余計な水分をとり、中に炊いた米を詰めます。このフナを、たくさんのご飯を敷き詰めた桶《おけ》に、順に層状に積み重ね、最後は雑菌が繁殖しないようしっかり密封します。そして、まずは真夏の30℃以上の高温下に桶を置いて、乳酸菌が急速に増殖して、乳酸発酵が進むのを待ちます。その後、気温が低くなる時期にはじっくりと熟成させていきます。

「昔からこのつくり方ですか？」と聞くと、地元の漁協が今の若い奥さん方につくって食べてもらえるようにするために、琵琶湖沿岸でつくっている人を訪ねて、レシピを調べ、つくり方を刷新し、臭くなく、食べやすいふな寿司の製法にまとめ直したそうです。「昔はもっと臭かった。新婚のころは、嫁ぎ先の家ではフナの洗い方も簡単なもので臭かったから、とくに苦手だった」と振り返る人もいました。伝統を頑固に守るばかりでなく、より受け入れられやすい方向に進化する。それが塩漬けのふなの消費を拡大することにもなるということで、「食べてもらいやすいふな寿司」のつくり方を普及推進した漁協の思いもあったことを知りました。地元でも、昔よりも食べやすくおいしくなったといわれています。伝統の工程を見直してつくり直す。漬物においても同じことができるはずです。

漬物の基本は塩と重石で徹底した水抜きから
——食感と保存性

塩で素材の不要な水分を抜き出してしまう

漬物は、まず新鮮な野菜の中の水分を、十分な「塩」と「重石」を使って、しっかり抜くところから始まります。この塩と重石が適切でないと、水分が多く残った漬物になるため、後で酸っ

塩と３倍の重石で水を徹底して抜く

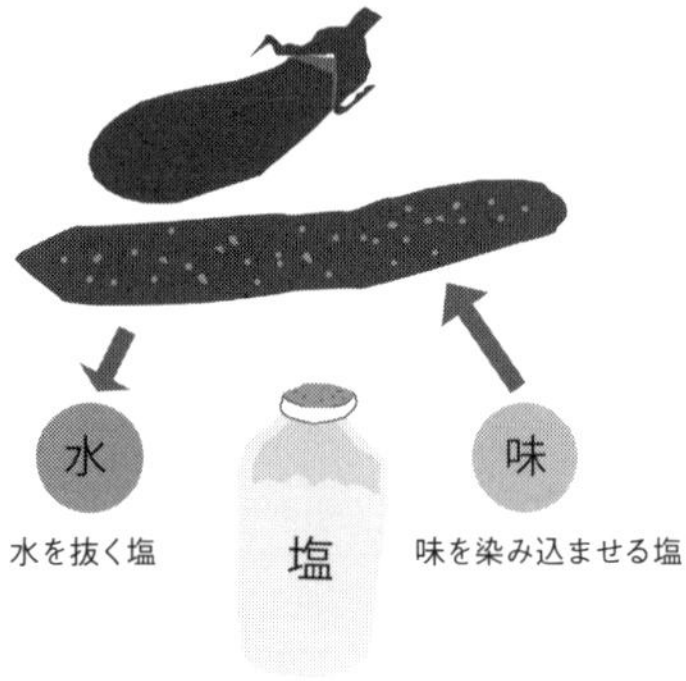

水を抜く塩と味をつける塩

ぱくなったり、出来上がりがぐにゃぐにゃした食感でおいしくないものができてしまいます。野菜の水分をしっかり抜くことで、長期に保存でき、通年で加工素材として使うことも可能になります。こうした場合、塩は1回だけでなく、複数回に分けてきかせることもあり、回数を重ねるにつれて、徐々に塩分の濃度が高まって保存性も高まります。

キュウリやナスを30％以上の塩分で塩蔵にすると、1年間変わらない食感を保持します。このため、いつでも塩抜きしてショウガ醤油漬けや辛子漬けにできます。ニンジンやダイコン、レンコン、ショウガなどと合わせて、福神漬けにも使えます。福神漬けのように複数の素材を合わせる漬物の場合、シーズンの素材だけでつくろうとすると、必要な野菜が確保できず、結局中途半端な商品開発に終わりがちです。ところが、塩漬けでいろいろな材料が揃っていると、素材のバリエーション自体が商品の魅力になります。

野菜はできるだけサイズや形が揃った方がベター

生産農家の立場からすると、漬物の加工では、大量に出る規格外の野菜を使いたいという気持ちがあると思います。規格外であっても塩で水分を抜く場合、同じ桶に入れる野菜のサイズや形をできるだけ揃えた方が、塩分の浸透も均一になり、水分の抜け方も均等になりやすいようです。バラバラだと、水分が十分に抜けずに残ってしまう野菜が生じやすくなります。これは、塩で短時間の水抜きを行なう、ユズダイコン漬けなどの場合にもいえることで、ダイコンの切り方や厚さはそろえる方がうまく漬かります。

塩抜きをして使用する

ナスもキュウリも塩蔵するとぺったんこになっています。また、ダイコンの刻み漬けの場合では、水分をまだ組織内に含みながらも、食べると塩気を強く感じます。こうした塩で水抜きした素材から、塩抜きをして、調味液などを浸透させる準備をします。最も簡単な方法は、刻んで水に浸けて塩が抜けるのを待つ方法で、この時も均等な大きさにカットした方が、均一に塩抜きできます。塩抜きには、薄い塩水に浸けたり、少し砂糖を入れたり、野菜に砂糖をまぶしてしばらく置いたのちに水に浸けるといった方法があります。砂糖は、浸透圧の作用で塩分を引き出す効果があります。水で塩抜きした素材は、余計な水分を残さないようしっかりと絞っておきます。

漬物製品の製造に必要な道具・機材

製造内容と規模によって、設備内容も大きく変わります。基本的には原料を洗浄するための水をためる洗浄槽、製造する環境としては、冷蔵庫と作業台は必須です。塩で野菜の水を抜くために、塩を野菜に揉み込む羽根釜や大型の回転ミキサー、重石を動かすウインチクレーン、漬物用の専用脱水機などを備える加工所もあります。とくに脱水機は塩抜きした後の野菜の水切りに重宝しますが、加工所によっては家電の2槽式洗濯機を活用しているところもみかけます。水抜きを進めていく段階、水抜きが終わって保管する段階など、原材料の状態に応じた保管スペースが必要となります。調味や味付けのための調合を行なうコンロなどの加熱調理機器も必要です。

製品の安全性確保のために、真空包装機と殺菌槽などの設備も必要になります。原料の下処理に使用するフードカッター、製品の殺菌後に冷却を行なう急速冷却機や冷却槽、製造工程を管理するための温度計や糖度計、塩分濃度計、pH計なども揃えるべきでしょう。

下漬けの進め方

キュウリの塩漬け、ナスの塩漬け(下漬け・一次加工品)

夏場の農産物直売所には、ナスとキュウリが大量に出荷されます。大量出荷の商品は残品が増え、場合によっては売れ残り、やむなく廃棄するものも出てきます。「加工して生かしたい……と思っていても、農作業が忙しく手がまわらない」という声を聞きます。

農産加工では、一次加工しておけば、もう少し長いサイクルで素材を取り扱うことができます。繁忙期に最終加工品をつくるのは困難でも、一次加工して保存しておけます(写真4－14)。少し手を加えて野菜の水抜き・塩蔵までしておき、手が空く時期に塩蔵された野菜を使って加工商品をつくるという流れであれば、無理がありません。

キュウリとナスはそれぞれ塩漬けにしておきます。

【原材料】

キュウリの塩漬け　キュウリ10kg／塩3kg

ナスの塩漬け　ナス10kg／塩3・5kg／ミョウバン10g

【キュウリの下漬けの流れ】

①キュウリはサイズが揃ったものを使う。漬け込む桶は、清潔に洗浄しておく。

②水洗いして塩をまぶして桶に敷いていく。キュウリ10kgに対して、最初は2・5kg（25%）の塩。キュウリと塩を交互に桶に詰め込んだら、中ぶたをして重石30kgをのせる（キュウリの重量10kgの3倍の重量）。

③数日すると桶の中に水が上がってくるようになる。キュウリを取り出して上がってきた水を捨て、今度は0・5kg（もとのキュウリの5%）の塩を加えて再び重石をのせておく。

④数日すると再び水が上がってくるようになる。またキュウリを取り出して上がってきた水を捨てて、再び0・5kg（もとのキュウリの5%）の塩を加えて重石をのせておく。

⑤必要に応じて、その後も水を捨て塩を加えて、重石をのせておくこともある。

　この作業は、キュウリはぺったんこになり、いわゆる水気の多くが出てしまった状態になるのが目指すところ。キュウリは塩に包まれた状態でもあり、薄くなったキュウリはまとめてビニール袋などに入れて再び桶などで重石をかけて保管しておく。

【ナスの下漬けの流れ】

①ナスは形と大きさが揃ったものを使って、きれいに洗浄してヘタを除いておく。

②ナス10kgに塩1kg（ナスの重量の10%）とミョウバン10g（同じく0・1%）を混ぜて、柔らかくなるまで、およそ30分間揉む。電動式の漬物用のミキサーローラーなどを使うと、この最初の揉み込み作業が楽になる。この最初の塩揉みで出てく

写真４－14　下漬けしたナスとキュウリ

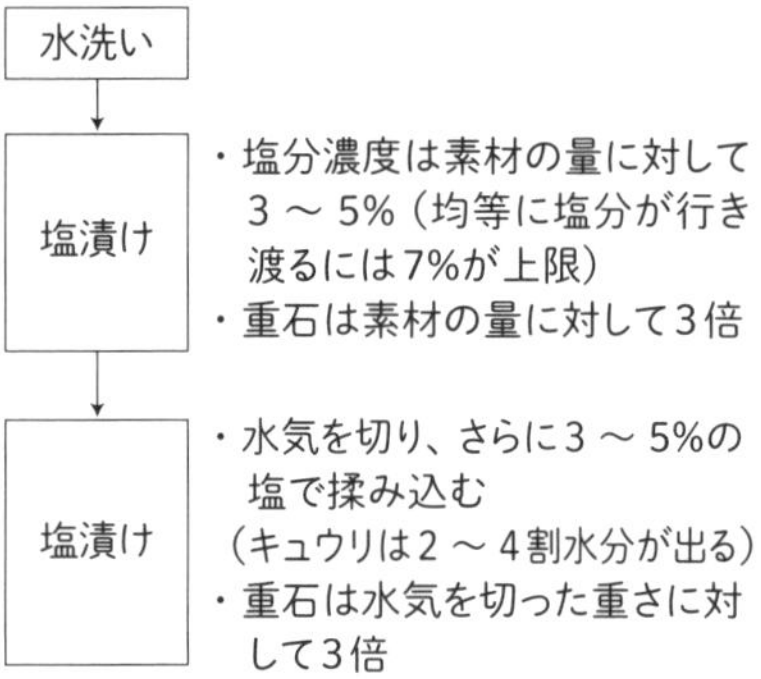

水洗い
塩漬け
・塩分濃度は素材の量に対して3 ～ 5%（均等に塩分が行き渡るには7%が上限）
・重石は素材の量に対して3倍
塩漬け
・水気を切り、さらに3 ～ 5%の塩で揉み込む
（キュウリは2 ～ 4割水分が出る）
・重石は水気を切った重さに対して3倍

*この作業はキュウリのシーズンに行ないます

図４－６　キュウリの下漬けの手順

る水は捨てずに、ナスと一緒に桶に入れる。

③塩2・5kg（ナスの25%）を数回に分けて入れて、ナスにまぶし、中ぶたをして重石30kg（ナスの重量10kgの3倍の重量）をのせる。

④1日たつと水分が上がるので、上がってきた水を捨て、新たに塩0・5kg（もとのナスの5%）を入れて漬け直し重石をのせる。

⑤これをもう1回繰り返す。つまり上がった水を捨て塩0・5kg（もとのナスの5%）入れ重石をのせる。

ナスは最初の塩でかなりの水分が抜ける。追加の塩を加えて重石でさらに水を抜いていくと、キュウリと同様ぺったんこになる。ナスも塩に包まれた状態であり、薄くなったナスをまとめてビニール袋などに入れ、桶などで重石をかけて保管しておく。

【脱塩（塩抜き）の方法】

塩漬けしたキュウリやナスを使って2次加工（最終製品の加工）を行なう前には、次のような手順でキュウリやナスの塩分を抜く必要があります。

①水に浸して塩抜き

・塩漬けの野菜を刻んでから半日〜1日ほど水に浸けておく。

・食感を大事にしたいウリなどの場合は、目的の大きさに切り分けてから、砂糖を振りかけて数時間〜半日おいて、水に浸けておく。

②野菜の塩が適度に抜けたのを確認して、圧搾や脱水して不要な水分を除去する。

ダイコンやニンジンなどの刻み漬けの場合の塩漬け（下漬け）

ダイコンやニンジンなどを細切りして、甘酢などで刻み漬けにする場合、野菜に直接3〜5%の塩を振りかけた後に、揉み込んでから重石をのせて、水を抜くことがあります。この場合も、塩分で野菜から出てくる水分を搾り出すのは、キュウリやナスの場合と同じです。野菜の水分量は常に一定ではないため、時には同じ塩分量でも、十分に水を引き出すことが難しい場合があります。この場合は一度水を搾った野菜に塩を追加して揉み込むことも必要になります。

ピクルス漬けの野菜

サラダ感覚で食べられるピクルス漬けは、つくるのも食べるのも人気があります。農産加工品としても、チャレンジしやすい品目ではないかと思いますが、家で食べるピクルス漬けの場合と違って、やはり保存性を意識したつくり方を知っておきたいところです。

通常は、ダイコンの刻み漬けと同様に、カットした野菜に少しの塩をまぶして、重石で水分を抜きます。
①ニンジン……皮をむいて、スティック状にカットし、3％の塩をまぶして揉み、重石をしておく（所要時間は2～4時間）。
②ダイコン……皮をむき、スティック状にカットし、3％の塩をまぶして揉み、重石をしておく（所要時間は2～4時間）。
③その他野菜……スティック状に切れるものはカットし、小口切りが適するものは適宜カットして、3％の塩をまぶしてから揉んで、重石をしておく（所要時間は1～3時間程度）。

なお、ブロッコリーやカリフラワーなども下漬けに向くが、重石で形を崩しやすい。そこで、3％の塩分で下茹でする方法があります。セロリ、カブ、小タマネギなどは形が残りやすくなります。

漬け菜の場合の塩漬け（下漬け）

漬け菜は冬場に甘みと風味が増すので、つくるのがとても待ち遠しい野菜です。主に三池高菜、こぶ高菜、野沢菜、広島菜、まな、のらぼう菜などアブラナ科の野菜になります。新鮮な素材をきれいに洗浄した後、塩漬けにします。たとえばここで下漬けの流れを紹介する「高菜」の場合には事前に風干しをするなどの処理が加わります。

【スケジュール】

1日目　風干し
2日目　塩漬け
3日目　上下を返して漬け直し
4～5日後　浅漬けの漬け上がり
1～2か月後　古漬けの漬け上がり

【原材料】

高菜20kg／粗塩（干した高菜の4％の塩。漬物用の粗塩がよい）／コンブ10cm四方の大きさ20～30枚／赤トウガラシ30～40本／重石30～40kg

【製造の流れ】

①高菜の風干し
・高菜は、根元を広げて泥などをよく洗い落とし、水気を振りきって、ザル（九州では「しょうけ」という）にのせて、良い天気の日に丸一日、風干しを行なう。
②塩の計量
・風干しした高菜を計量し、4％の塩を計っておく。
③塩漬け（初日）
・高菜を1株ずつ取り出して、根元をスリコギなどでたたいて、塩を馴染ませやすくする。さらに根元から包丁で少しだけ切り込みを入れ、切り込みに指をかけて少し浅めに裂く。こうすることで、根元に塩を馴染ませやすくする。真っ二つに裂いてしまわない。
・粗漬けを行なう漬物の容器の中に、厚手のビニール袋を桶を覆うように敷き、桶の底に粗塩を振りかけるようにまく。高菜に塩を手でまぶすようにすり込みながら、キッチリと桶に詰めていく。一段積んだら、コンブと赤トウガラシを散らして、次の段を積んでいく。

・最後に、力を込めて押しつけるように、袋の空気を抜いて閉じ、紐で縛って口を止める。

・中ぶたを敷いて、高菜の3倍の重さの重石をのせ、外ぶたを閉めておく。

・5～15℃で温度変化の少ない場所に置く。

④上下を返して漬け直す（塩漬けした翌日）。

・ふたを開けて重石を外し、袋を開けて高菜を取り出した後、上下を返し（初日の桶の下の方の高菜を上に、上の方の高菜を下に、というように）、再び、袋を閉めて、中ぶたを置き、重石をのせ、外ぶたを閉める。

⑤浅漬けの確認（④の4～5日後）

・水が上がって高菜がしんなりしてくれば、試食ができるようになる。通常1～2週間はフレッシュな味わいを楽しめる。

・そのままでもご飯に合うが、他にもめはり寿司、たかな巻の素材になり、冷凍保存した浅漬けとして初夏には販売もできる。

⑥古漬け（④の1～2か月後）

・⑤をさらに空気を遮断して2か月ほど漬け続けると、緑色の葉が、飴色に近づいてくる。この状態が「古漬け」。

・古漬けは漬け込んでから約2か月。

・そのままでもご飯に合うほか、油炒めなどの加工惣菜にできる。

人気の漬物あれこれ

キュウリとナスのショウガ風味醤油漬け（真空包装機使用）

夏野菜は大量にとれることがありますので、同じ時期に使いきることは難しいもの。そこで、下漬けして長期保存ができるようになると、福神漬けや柴漬け、ニンニク醤油漬けなどさまざまな漬物の素材にできます。ここでは、ショウガの風味が爽やかな醤油漬けのつくり方を紹介します。

【仕上がり（分量）】

120gパック100袋

※野菜の水分量の関係で数量に差異が生じる。

【原材料】

（原料素材）

ナス（下漬け）5kg／キュウリ（下漬け）5kg／ショウガ（刻み）40

0g

（調味液）

濃口醤油900g／本みりん900g／醸造酢900g／日本酒（煮切り）450g／砂糖750g／白ごま300g／塩適量

【製造の流れ】

①野菜の下漬け

・ナスは乱切り後、3％の塩（これはレシピの分量外）で、揉み込みながら水分を搾り出す。重石をのせて水分を搾る。キュウリも乱切り後、3％の塩を加え水分を搾り、重石をのせて水分を搾る。

・それぞれ2～4時間したら、水を捨てて、今度は2％の砂糖（これもレシピの分量外）を加え、重石をのせて水分を搾る。

②調味液の調合

・すべての調味料に、刻みショウガを合わせて、軽く火にかけて、冷ましておく。

③塩抜き

・ナスとキュウリを搾って、水の中に浸し、揉み洗いするようにして塩を抜く。この時は、あまり揉み込みすぎないように、食感と塩気を確認して進める。最後はしっかり水分を搾っておく。

④漬け込み

・ナスとキュウリを調味液に漬け込み、全体を馴染ませる。馴染んだら、空気を遮断できるラミネートの大袋のような容器などに移して密封し、低温で7～10日間、保管する。

⑤調味液の加熱

・一定の保管期間の後、ザルなどで調味液とナス・キュウリを分ける。調味液は、野菜の水分が加わって薄くなっているので、加熱して濃縮する。

⑥充填と密封

・1袋あたり100gのナス・キュウリ（漬け材料）に対して、20gの調味酢（調味液）を加えて、ラミネート袋に入れて、真空包装機で脱気密封する。脱気密封の後は、ラミネート袋の内容物を、できる限り平らにしておく。

・充填時に袋の入り口に調味液が付着すると、真空包装機の密封時にシール（溶着）しにくくなるため、隙間から空気が入って雑菌繁殖や腐敗のもとになる。これを防ぐために、広口の漏斗などを使って、直接袋に内容物が付着しないように充填する。付着した場合には、キッチンペーパーなどできれいにふき取る。

⑦加熱殺菌

・脱気密封が終わった袋を、殺菌槽または大鍋の湯の中に投入し、芯温75℃、15分を目標に加熱殺菌する。とくに湯はたっぷりと用意し、袋を投入した際に湯の温度が下がりにくくくする。

⑧冷却

・加熱殺菌が終わったら、すぐに袋を取り出して冷水で急冷する。

⑨検品

・異物がないか、シール不良がないか確認する。

ユズダイコン漬け

ユズダイコン漬けは簡単にできる漬物製品です（写真4－15）。ポイントはユズ皮の苦みを事前に適度に調整しておくこと、そして漬け込むダイコンの水抜きをしっかり行なうことです。ユズがない場合は橙やスダチ、みかん類でも代用ができます。

【仕上がり（分量）】

150gパック90袋

※野菜の水分量の関係で数量に差異が生じる。

【原材料】

（原料素材）ダイコン（下漬け）9kg

（調味液）醸造酢2kg／砂糖500g／本みりん500g／塩120g

（副素材）ユズ皮適量／赤トウガラシ適量／コンブ適量

【製造の流れ】

①ダイコンの下漬け

・ダイコンはイチョウ切りにして、3～5％の塩をまぶし、揉み込んだあと、厚手のビニール袋を敷いた桶に入れて3倍の重石で下漬けし、1～2日かけて水抜きする。

②副素材の調整

・ユズ皮は下茹でして苦みを適度に抜いておく。赤トウガラシは種をとって輪切り、コンブは小さな短冊切りにしておく。

③調味液の調合

・すべての調味料を合わせて、軽く火にかけ、砂糖などを溶かして全体を合わせる。

④ダイコンの塩抜きと漬け込み

・ダイコンを水で洗い揉むようにして塩抜きし、よく水を切ってから、調味液に漬け込み全体をよく混ぜて馴染ませる。低温で1～3日間保管する。

⑤充填と密封

写真4－15　ゆず大根漬け

・1袋あたり110gのダイコン（漬け材料）に対して、40gの調味酢（調味液）、ユズ皮・コンブ・赤トウガラシを数枚ずつ、ラミネート袋に入れて真空包装機で脱気密封する。
・充填時には広口の漏斗などを使い、直接袋に内容物が付着しないように注意する。付着した場合には、キッチンペーパーなどできれいにふき取る。

⑥加熱殺菌

・脱気密封が終わった袋を、殺菌槽または大鍋の湯の中に投入し、芯温75℃、15分を目標に加熱殺菌する。

⑦冷却

・加熱殺菌が終わったら、すぐに袋を取り出して冷水で急冷する。

季節の野菜のピクルス漬け

【仕上がり（分量）】

150gパック50袋

【原材料】

（原料素材）

季節の野菜4kg（スティック状や小切りにカットして下漬けしたもの）

（調味液）

醸造酢2・5kg／砂糖800g／本みりん250g／塩100g（見当）／白醤油適量

（副素材）

ユズやレモンなどの輪切り適量、赤トウガラシ（輪切り）適量、ローリエなどハーブ類適量、お好みでニンニクのスライスなど

【製造の流れ】

①野菜の下漬け

・ニンジンやダイコン、セロリ、カブ、シメジなどの野菜は、それぞれ別にして、3％食塩をまぶして、重石をのせ、1～2日間水抜きする。その後、水に浸して揉み、塩抜きして、水分をよく切っておく。

②調味液の調合と漬け込み

・調味料を合わせて小鍋で温め、砂糖などを溶かす。白醤油は、最初は入れずに後で調整のために準備だけしておく。副材料を加えていったん冷ましてから、水抜きをした野菜を漬け込む。2～3日間は冷蔵庫で保管する。

③充填と密封

・野菜と調味液をザルで分けてから、1袋あたり80gの野菜に対して、70gの調味液をラミネート袋に入れて、真空包装機で脱気密封する。
・充填時には広口の漏斗などを使い、直接袋に内容物が付着しないように注意する。付着した場合には、キッチンペーパーなどできれいにふき取る。

④加熱殺菌

・脱気密封が終わった袋を、殺菌槽または大鍋の湯の中に投入し、芯温

75℃、15分を目標に加熱殺菌する。

⑤冷却

・加熱殺菌が終わったら、すぐに袋を取り出して冷水で急冷する。

生シイタケの辛子漬け

シイタケの産地では、シーズンに入るとまとまった量が収穫されます。形が良くてサイズが揃ったものは、乾燥シイタケとして付加価値を高められますが、生での青果流通では、鮮度保持に限界があり長くは置けません。「辛子漬け」では、酒かすも配合して保存性の向上とマイルドな食味を目指します。賞味期限も比較的長くできます。

【仕上がり（分量）】

150gパック90袋

【原材料】

生シイタケ10kg（塩茹でして絞った状態で）

（調味液）

A　下漬け調味液（薄口醤油1kg、砂糖1kg、日本酒500g、本みりん500g）

B　辛子床（裏ごしした味噌2・5kg、本みりん2kg、砂糖2kg、練り辛子1・2kg、酒かす1・0kg）

【製造の流れ】

①生シイタケの水抜き（下漬け）

・生シイタケは水分を抜くために、沸騰した3％の食塩水で一茹でして、布巾などで包んで水分を搾っておく。

②下漬け調味液への漬け込み

・下漬け調味液を合わせ一煮立ちさせて、いったん冷ます。シイタケにからめるように合わせて馴染ませる。保冷した状態で1日程度置く。

③辛子床づくり

・調味料を合わせてよく混ぜ合わせる。

④辛子床への漬け込み

・下漬け調味液に入ったシイタケを取り出し、水気を切って、辛子床に入れ、混ぜ合わせて馴染ませる。保冷した状態で2～3日置く。

⑤脱気密封と加熱処理

・ラミネート袋に150gずつ充填し、真空包装機で脱気密封する。

・充填時には広口の漏斗などを使い、直接袋に内容物が付着しないように注意する。付着した場合には、キッチンペーパーなどできれいにふき取る。

⑥加熱殺菌

・脱気密封が終わった袋を、殺菌槽または大鍋の湯の中に投入し、芯温75℃、30分を目標に加熱殺菌する。

⑦冷却

・加熱殺菌が終わったら、すぐに袋を取り出して冷水で急冷する。

14 ジュース

ジュースをめぐる状況

「うちの農園」だからできるジュース——特徴ある栽培方法を表現しやすい

　信州や北関東、南近畿、四国などは、元々果樹の栽培が盛んですが、青果のみならずジュースの商品化の歴史も長い地域です。反対に私が住む九州などでは、さまざまな農産加工活動のなかでも、小規模な農家によるジュース加工とその商品化は近年まで活発ではありませんでした。

　私の加工所へはるばる遠方から「初めてジュース加工をお願いするのだが」といって委託加工の原料を抱えて足を運んでくれる生産者は、シーズンごとに増える傾向にあります。とくに親の代から跡を継いだ若手生産者には、自分の農園の素材だけを使ったオリジナルなジュースを売ってみたい、と考える人が増えているように思います（写真4—16）。ジュースは、自分の農園の栽培方法を表現しやすい「自分だけの商品」ですし、「常温で一年中流通できる商品」として標準的であり、扱いやすいことが魅力ともいえます。

安定した味をつくる難しさ

　私が住む九州の場合は、各種イベント販売などに参加した生産者や販売店の担当者の要望を聞くと、できるだけ

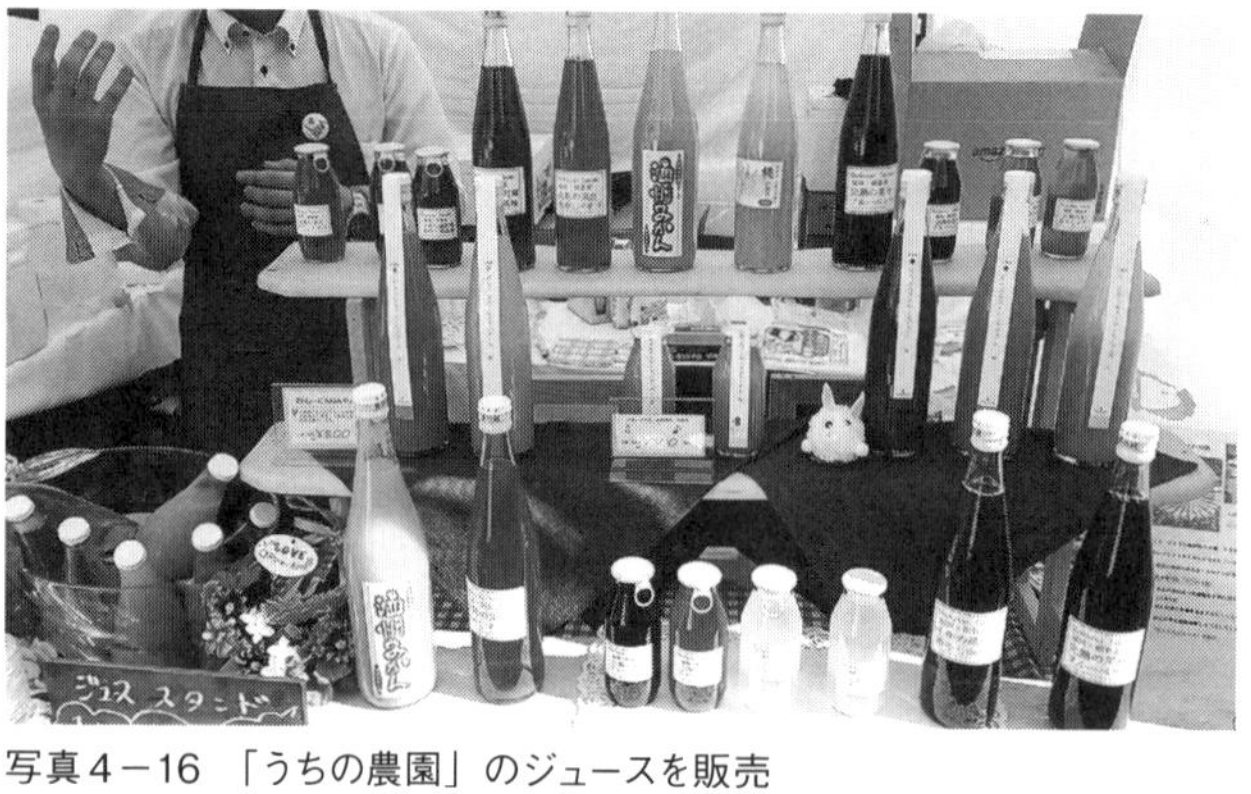

写真4—16　「うちの農園」のジュースを販売
「Fukuokaジューススタンド1・2・3」のレイアウト

濃厚で素材感のあるジュースが支持されやすい傾向にあります。他の地域では、むしろサラリとした飲み口の方が支持されやすいとも聞くので、九州ならではの、「濃厚好み」という地域的な嗜好性もあるのでしょうか。

地域によって使用できる原料の種類や量には差異があると思いますが、九州ではジュースにできる素材が、春先の時期から順に、ニンジン、中晩柑類（不知火、ポンカン、夏みかんなど）、トマト、ウメ、スモモ・プラム類、モモ、ブルーベリー、ナシ、ブドウ、マンゴー、パッションフルーツ、リンゴ、温州みかん、イチゴと続いていきます。その他にもショウガを使う飲料やエキスを使った製品なども加わります。

素材に関しては、そのまま食べてもおいしい完熟ものを使っていくことが理想です。ただ、持ち込まれる果物や野菜の状態は、生産者によって違います。また同じ生産者による素材でも時期や年次によっても異なります。このため毎回同じ味わいに仕上げることに難しさを覚えることはしばしばであり、加工する者としては、常に作業上での臨機の判断をしなければ、安定した製品ができません。私の加工所も、ジュース加工を始めた最初のころは、素材の見極めや完熟の度合いの判断に慣れていませんでした。このため、素材に味わいや甘みが出ていない場合は、受託加工品では依頼主である生産者さんと相談して、蜂蜜や砂糖を加えることもありました。今思うと素材の味わいで勝負して余分なものを加えない製品をつくることを、第一に考えるべきでした。

ジュースは、素材の状態や量に応じて、製法を毎回見直しながら組むことになります。決まりきった配合を変えずに毎回同じつくり方をしていては、素材状態を無視したつくり方になってしまうため、安定した品質の製品はできません。素材の状態に応じて調製する必要があり、これが時に難しさを伴うこともあります。素材の状態の違いを観察し、予定していた作業内容を瞬時の判断で調整しながら作業し、品質も確認して仕上げるようにしています。

製造工程で生まれる中間産物で、加工品の幅を広げる

また、経済性を重んじて加工することも大事です。ジュースの製造と合わせて、すりおろしの果肉をピューレとして生かせば、加工の幅が広がり、無駄をなくせます。たとえば、トマトやニンジンのジュース製造で充填の最後に鍋の底に残った濃厚な果肉などは、ジャムやドレッシング用の素材に使えます。また、温州みかんのジュースは、果肉の部分を裏ごし機やプレス機にか

けてピューレにしたものを、ジューサーで搾汁したクリアな果汁に適宜加えると、濃厚な味に仕上げることもできます。

職彩工房たくみのジュース製品の特徴

私の加工所でつくっているジュース製品の特徴を、表にしておきます。原材料の素材状態をみながら、手早く加工処理を行ない、フレッシュでありながら、飲み口が濃い、味わいのある製品づくりを心がけています（表4－1）。

ジュース製品の製造に必要な道具・機材

惣菜や漬物といった、他の加工品の製造とは異なり、ジュース製造の機械や器具は、目的性が高いものが多く、いずれも高価なため、加工施設の整備

表４－１　素材とジュースの特徴

（職彩工房たくみ農産加工所の製品から）

素材	特徴
ニンジン	ニンジン果汁とすりおろし果肉をブレンドした無加糖の製品。スムージー状の濃厚な飲み口が特徴
柑橘類	温州みかん、甘夏みかん、ユズなど多種の柑橘類の果汁を使用。100%果汁の製品は果肉も含めて濃度を高く仕上げている
ウメ	佐賀県唐津市産のウメを漬け込み10年間熟成されたエキスをベースに、毎年の新しいウメエキスを配合しジュースに仕上げる
スモモ	紫スモモを裏ごしして濃厚な飲み口に仕上げている。独特の風味が特徴
モモ	モモの色合いや果肉感を出した仕上がりで、「ストローが立つ」濃厚さが特徴
ブルーベリー	完熟の青果を使って濃度を高めた仕上がり。基本的に無糖で仕上げるため濃厚ながらすっきりとして風味豊か
トマト	さまざまな品種のトマトに応じて、裏ごしや加熱処理の方法を工夫し、フレッシュ感と濃厚さの両立を目指している
ブドウ	圧搾果汁を使用する場合（すっきり果汁）、果肉ごと裏ごしして使用する場合（濃厚果汁）を使い分けて製品づくりを行なう
ナシ	果汁と若干の果肉を残したすりおろし仕上げ。爽やかな風味がどのような料理にも合うといわれる
イチゴ	圧搾果汁を使用する場合（すっきり果汁）、果肉・果汁を裏ごしし粘り気を調整した仕上げを行なう場合（濃厚果汁）を使い分けて製品づくりを行なう
マンゴー＆パッションフルーツ	果肉・果汁を裏ごしして濃厚な味わいに仕上げており、美しい色彩で風味も良いのが特徴

には1000万円単位の費用がかかります。また食品衛生法の中で製造基準が定められていることから、食品製造業の許可を取得することもハードルが高い品目だと思います。

基本的には原料洗浄のための、水をためられる洗浄槽、原材料保管などのための冷蔵庫が必要です。果実を搾汁する機械（ジューサーやクラッシャーなど）、果汁を無駄なく分離する機械（プレス機や脱水機、エキストラクターなど）、煮釜、液送ポンプ、ビン殺菌装置、充填機、打栓機、冷却槽、キャップシーラーなどが必要になります。製造工程の管理には、温度計、糖度計、pH計は当然ながら必要です。さらに、果汁を加熱し、充填していくまでの温度状態を記録しておくことが必

知っておきたい加工情報❼
ビンの打音検査と内圧測定

打栓後の真空状態を点検する方法としては、打音検査法があります。ビンの底を手のひらでたたくと、中が真空になっている場合はペッペッという軽い共鳴音がするという現象を生かした検査です。

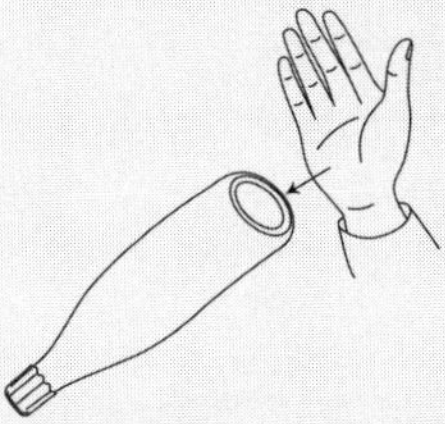

打音検査のやり方
ビンの底を手のひらでたたき軽い共鳴音がすると、中が真空に仕上がっている

打音検査法の原理は、高温でビンの口いっぱいに充填した液体を打栓した後に冷却すると、液体の収縮に伴いビンの内側の液面がさがり空気のように見える減圧スペースが生まれます。ビンの底をたたき、この減圧スペースの共鳴音を聞くことで、ある程度の状態がわかるという非破壊検査です（本格的な打音検査では、打検士さんが打検棒を使って行ないます）。この音の共鳴の仕方が、ビンの構造や中の液体の性状によって、まれには「目立たない形で音が出る＝音が出ないと感じる」こともあります。

なかには音がしないものがあります。製造時の温度管理や粘度の状態により音が出にくいような製品になっている可能性もあります。あるいはビンの形状が影響しているかもしれません。音が出ないものについては、外部機関に内圧測定を依頼します。ビンの納入業者が応じてくれることも多いので相談してみることをおすすめします。こうしたプラスアルファの部分までサポートしてくれる業者は大事にしたいものです。

経験的には、粘度の高いジュースは比較的にぶい音が鳴る傾向にあるように思います。この検査は基本的に非破壊検査なので、全製品を対象にできる点で、製造現場向きといえます。

須とされています。また、仕上がりのジュースの品質状況によって殺菌温度と時間も決められており、製造機械や器具を揃えた上で、さらに製造についての知識や経験も求められます。

「一手間かけるジュース」の製法

ナシ（梨）のジュース

【仕上がり（分量）】
720mℓビン180本

【原材料】
ナシ200kg／ビタミンC（ナシの0・3%程度）／クエン酸（同0・3%）

※ビタミンC、クエン酸の代わりに、レモン果汁やカボス果汁をナシ200kgにつき10kgの割合で代用することもある。

写真4－17　ナシのジュース

【製造の流れ】
ナシのジュースの製造工程を図に示します（図4－7）。

【製造の流れとポイント】
ナシのジュースの場合、まず、ナシの原料素材が完熟であることを確認して、加工所に持ち込み、洗浄処理と原料調製を行ないます。とくにナシは花おさめの部分（果実で軸のない方、尻の部分）の洗浄を入念に行ない、仕上がりのジュースの中で目立つ黒っぽいシミなどが点在することがないよう心がけます。

続いて、ジューサーでナシの果汁を搾り、さらに搾りかすにも大量のジュースが含まれるため、これをメッシュの布袋に入れてプレス機にかけて残った果汁を搾ります。そして、この時に果汁が酸化して色合いを損ねないように0・3%程度のビタミンC（食品添加物として酸化防止剤の役割）、あるいは2～3%程度のレモン果汁を加えます。また、リンゴとは異なり、ナシは果汁そのものに酸味がほとんどありません。そこで、果汁のpH（水酸化イオン濃度）を計測し、製品自体のpHを下げるために、0・3%程度のクエン酸（食品添加物として酸味料の役割）あるいは、2～3%程度のレモン果汁を加えることがあります。

ここまでの作業を、できるだけ手早く行なうことが、鮮度を保持する上で大事です。

果汁は釜に入れて一気に加熱します。ナシの場合、釜の果汁温度が概ね70℃

を超えると、皮に由来する茶色のアクや、比重が軽い果肉が浮いてくるので、これらをていねいに除きながら温度を高めていきます。温度の管理は非常に重要で、殺菌効果があるからといって、高ければよいというものでもありません。90℃前後で、10分間程度維持するようにしています。

液送ポンプを使って、釜から果汁を殺菌タンクに移送します。殺菌タンクでは、再び90℃を保つようにします。その後、充填機を使って果汁を充填し、素早く打栓して、冷却していきます。

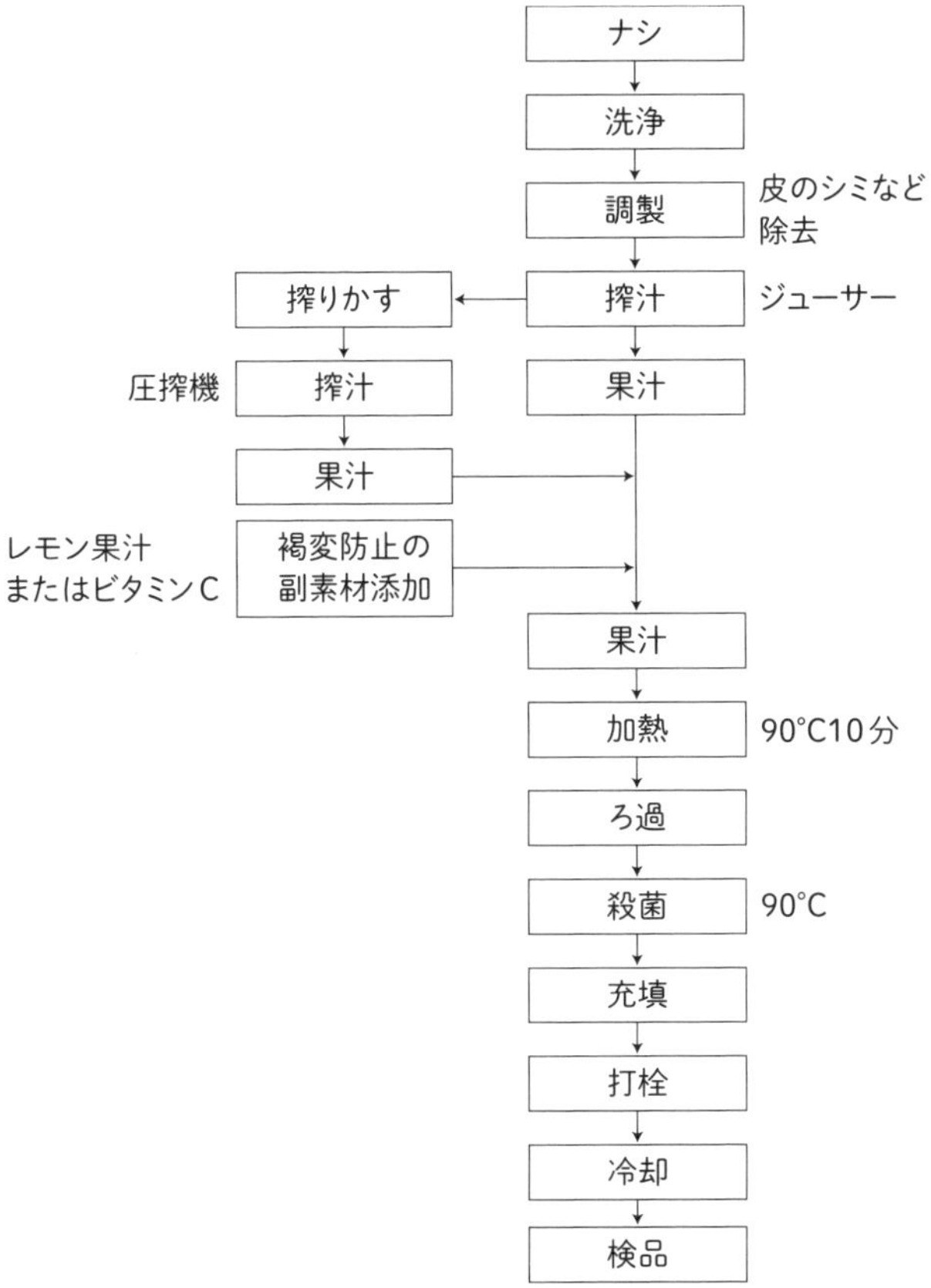

図４－７　ナシのジュースの製造工程

モモのジュース

【モモの特徴と製造上のポイント】

モモの旬は、梅雨の後半から気温が上がる夏場の時期です。季節的にも、モモは傷みが早いため、ジュース製造では、迅速な加工作業が必要になります。加工原料としては、完熟したモモを選びます。受け入れ後に洗浄処理と原料調整を行ないます。手間はかかりますが、手作業のタネ取りを一緒に行なうようにしています。タネ取りは、一度炊き込んで裏ごしの工程で除くことも可能ですが、完熟のモモではタネが割れやすいこともあり、割れたタネの内側に時々カビなども散見されるため、タネの破片やカビの混入を防ぐ意味もあります。

モモ
↓
洗浄　果皮の産毛のような細かい毛を流水でこすり洗う
↓
調整　果肉を割ってタネを摘出。傷んだ部分は切除
↓
加熱　炊き込み
↓
搾汁（ジューサー）　モモの褐変防止と、皮の色を煮出すために、レモン果汁5 ～ 7%（またはビタミンC、クエン酸各0.3%ずつ）を添加
↓
裏ごし（パルパーフィニッシャー）
↓
加熱　炊き込み
↓
アク取り
↓
殺菌　90℃10分
↓
充填
↓
打栓
↓
冷却
↓
検品

図４－８　モモのジュースの製造工程

写真４－18
モモのジュース

釜に入れて加熱し、色を煮出すように炊いたのち、ジューサーで果汁を搾り、さらに裏ごし機（パルパーフィニッシャー）で果皮や余分な繊維を除去します。

裏ごしで出てきた果肉は濃度が高いので、果汁と果肉を再び釜に入れて一気に加熱します。釜の中の温度が70℃を超えると黄色いアクや果汁に含まれる果肉が浮いてくるので、これらをていねいに除きながら、温度を高めていきます。

モモのジュースの製造において温度の管理は、非常に重要です。殺菌効果があるからといって高ければよいというものではありません。90℃前後で10分間程度維持するようにしています。

この後はナシのジュースの場合と同様です。

工程図を示します（図4－8）。

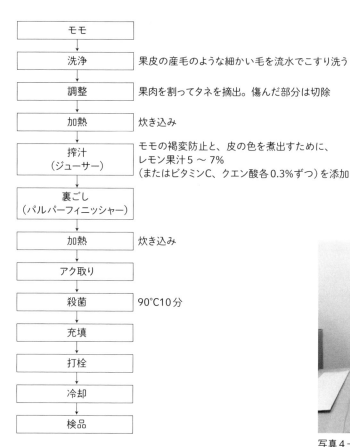

15 調味料について

味をつけるということについて

味について考える時には、三つほど着眼点があります。一つは、味付けに使う調味料を買う場合の留意点です。二つ目は、何にでも調味料で味をつける前に、じっくり炊き込んで、素材そのものの味を引き出すことです。三つ目は、時間が生み出す熟成の味も加味することです。

調味料を選ぶ——醤油、みりん、砂糖

醤油の味、砂糖の甘さのきかせ方には地域差があります。土地になじみのある味付けは大事だと思います。ただ、地域差があることを前提にして、基本の味をつくる醤油とみりんと砂糖に関しては、よいものを、しっかりと熟成したものを選んで使いたいものです（写真4―19）。とくに、みりんは、糯《もち》米《こめ》と米焼酎を合わせて熟成した本みりんを使います。価格は安いみりん風調味料と比較すると、比べものにならないくらいに高価にはなります。ただ、みりん、醤油、砂糖などの味の決め手になるものに関しては、出来上がる味の良さで差別化できるものと考えて、妥協せず選びたいものです。とくに惣菜、ドレッシングでは味の差が出てきます。あまり調味料を吟味せずに使っている例をみますが、せっかく良い原材料で加工しているのに、調味料で製品全体の味を落としている場合をよくみかけるのは残念です。

写真4－19　いろいろな調味料

素材を炊き込んで味を引き出す

もう一つは、あまり調味料に頼りすぎず、素材を炊き込んで引き出す旨味で、しっかり味をのせていくこと。こうすれば、他では真似できないものになります。煮込んだものは、調味料だ

けで合わせてつくった味とはぜんぜん違うものになります。炊き込んだものは、味の深みが段違いに強まるからです。

時間が生み出した希少な旨味を生かす
――隠し味の小技

味噌をつくる際に出てくる水分状の「たまり醤油」を取っておくと、たとえば煮物や調味料のコク出しに生かすことができます。たとえば和風のドレッシング製造で、味噌や醤油の代わりにたまり醤油を使ってみると、味わいが全く違うものになります。

また、ピクルス漬けの調味酢を調合してつくる時に、味に物足りなさを感じたら、昔から使っている自家製の梅酢を入れてみると、味が非常によくなるということがあります。梅酢は漬け込んですぐは酸っぱいだけですが、年数を経るに従い深みが出てきます。この梅酢を使っても、表示法は変わらず、ウメと塩です。

砂糖も白砂糖一辺倒でなく、黒糖を少し入れると味が深まることがあります。その代わりに、加工品の色がやや黒っぽくなるので注意が必要です。

私の加工所では、青ウメを砂糖に漬け込んで出るエキスを10年以上熟成させているシロップを、近隣県の南高梅生産者グループに分けてもらっています。これをジュースのベースにしたり、ドレッシングの酢の一つにしたりして使っています。梅シロップも10年や15年もたつと、まるでブランデーのような香りをもっています。アルコール発酵はしていないのですが、たとえば今年漬けた梅漬けよりも深みのある味になっています。飲んだ人からも、体の調子がよくなったなどの話も聞きます。

新鮮な原材料でつくる加工品は、もちろんおいしいもの。ただ、長く熟成したもので味が少しでもよくなるものを新たに加えて味を上げるという知恵をもつことも大事です。これも味わいの面で差別化になります。

Part 5

農産加工所を始めるまで

16 加工所スタートまでの工程

必要な事柄		
資金計画	保健所との協議	人材の確保、育成
初期投資規模、運転資金の概定、資金確保	許可品目の個別基準に関する情報収集	加工人材の育成について参考事例に学ぶ
必要に応じて融資や補助制度の活用検討	施設計画をもとに許可申請の協議	
融資、補助制度の必要申請手続き	許可申請	食品衛生責任者講習（幹部）
実際の資金収支に照らした追加措置の検討	品目ごとの基準への対応（容器包装の食品衛生法との適合性チェックなど）	人材の確保、研修
		食品衛生責任者講習（従業員）
運転資金に基づく稼働	許可取得	作業工程での研修

まずは保健所に相談

食品製造業は、食品衛生法で34の許可業種が定められており、自分が何をつくりたいのか決めて、保健所に相談するのが一番です。品目によりますが、開業までの時間にゆとりをもって許可申請を行なうことをお勧めします。「許可」には施設要件と人的要件があり、まず加工施設が施設要件（規模や設備内容）を満たすかが問われます。そして食品衛生責任者の定めが必要になります（人的要件）。食品衛生責任者は地域の保健所が開催する講習を受講すると修了証がもらえます。食肉加工など製造品目によっては他に資格が必要です。

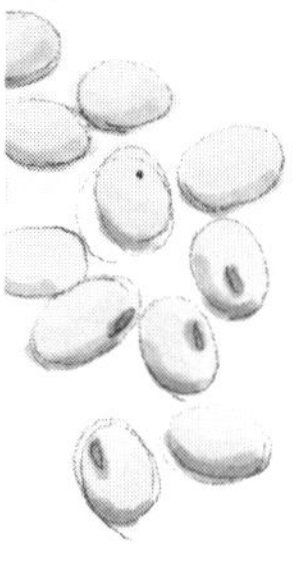

表５－１　農産加工所開設までに必要な事柄とおよその工程

開業までの時間	必要な資金量	必要な事柄			
		事業の構想・計画	技術・知識の取得	加工機器・備品の確保	加工所の建設
3年前から	小	視察など他の参考事例を学ぶ。事業の仕組みを描く（事業化への頭の準備）	事業の中核となる加工技術の学習	事業で不可欠な加工機器・備品の情報収集	建築業者の選定、施設計画（前もって用地確保）
2～3年前	小	資金計画に基づく事業計画ブラッシュアップ（事業内容・投資規模の再チェック）		機器・備品のメーカーから直接の情報収集	想定される環境影響への対策（排水・廃棄物）
1～2年前	大	事業計画と資金計画の照らし合わせ（資金計画通りかチェック）	事例先での研修など（可能であれば）	同種の機器を使用する施設への訪問視察（メーカーの紹介で）	着工・建設
6か月～1年前	大			機器・備品の選定・発注（納期リードタイムの長いもの）	施工進捗状況の確認
3～5か月前	大			機器・備品の選定・発注（納期リードタイムの短いもの）	据え付けが必要な機材と建設スケジュールの調整
1～2か月前	大	運営活動の開始	現場での試験稼働を通しての試作作業開始	機器・備品の完成、据え付け	完成、引き渡し（仕上がり具合確認）
1週間前	小			運転稼働の開始	外構や補足工事の実施

信頼される加工所とは

あまりお金をかけずに加工所を開設したいのは、誰でも共通する思いでしょう。農産加工品をどういう環境で、どういうふうにつくるべきか。それは、自らがお客様の立場になって考えてみるとわかると思います。不衛生な製造環境や温度管理もままならない製造設備でできた製品は、やはりお客様に自信をもってすすめられないのではないでしょうか。いつの時代も事業を長く存続させるには、「信頼される加工所」であることが必要です。この信頼の中には、商品の品質に対する信頼、味に対する信頼、不測の事態に対応する力への信頼など、さまざまな要素が含まれます。信頼される加工所は、投資額の大きさだけでは測れません。加工所を立ち上げる時の初期投資が、「続けて稼働しても建物が傷んだり、結露によるカビが発生したりする心配がない加工所」「温度管理がしっかりできる設備や器具」「製造記録が残せるシステム」などに適確に充てられることでしょう。これらは、いずれも高額な初期投資をしなくても実現できる事柄です。

断熱材の利用で結露を防止

たとえば、加工所が独立した建物の場合、建物に断熱材を入れるかどうかで、結露対策にも差が生じます。結露とは、内外温度差や湿度によって、飽和水蒸気が水滴になって加工所の壁や機材に水滴がつく状態です。結露を放置すると、カビやさびの原因にもなるため、加工所の衛生環境を守るには、結露防止は大切です。比較的経費のやすい断熱材を入れるだけでも、内外温度差が比較的緩やかになり、さらに空調機器を取り付けて乾燥を心がけることで、さほど大きな投資をせずに結露が防げます。

機材のレイアウトと作業動線

私自身は、これまでに小さな農産加工所を2軒建てて運営してきました。その経験を踏まえれば、事前の計画や想いを、より具体的に考え抜いて形にすることが大事です（表5－1）。

私の最初の加工所は、1～2人で加工する「小さな小屋」といっていいようなところでした。10m²に満たない狭い部屋で、加工道具に囲まれるようにして作業を行ないました。小さな加工所でしたが、週2～3日の加工で、日に200～300本のジャム類を製造できて、ストレスを感じませんでした。

二つ目の加工所が今使っているところで、6～7人で作業ができるスペースがあります。作業者の動きをよく考えて機器を配置した、ジュース製造を中心にする加工所です。受託加工を行なうことを念頭に計画を立て、すべて自己資金で開設し、清涼飲料水製造業とソース類製造業の二つの食品製造許可を取得し、日産1000本くらいを毎日製造できるようにしました。この加工所は必要最低限のスペースですが、毎日気持ちにゆとりをもって作業できるものになりました。気持ちに余裕がもてるのは、機材のレイアウトや作業者相互の作業動線に無理がないからだろうと思います。

人数、作業時間、生産量などの把握

加工所を建てる前に「あれもこれもやりたい」と計画を膨らませるのは楽しい作業ですが、欠かせないのは何人で何時間の作業を行ない、どのような製品をどのくらいつくるかということです。作業する人の年齢層や性別なども想定しておきます。結局、これらの要素はすべて製品の「製造原価」につながることになります。

万歩計を作業量・作業動線の推計の目安に

　優れた製品を生み出しているのに、作業コストが異常に高い加工所の改善計画の相談を受けたことがあります。現地に行ってみると、加工所の規模が単純に見積もっても大きすぎて、加工機材の間を歩き回る時間が多いことがわかりました。試しに加工所のスタッフ数名に万歩計をつけてもらったところ、日に平均1万5000歩でした。これは当初計画であまりにも大きな事業規模を描いていたからでした。事業計画と施設計画の両方で過度の大きさを追い求めないことも大事です。

作業や手順の意味
――技術は経験者から聞く

　農産加工の技術習得には、実際に加工所を運営している経験者に直接話を聞くのが一番です。さらに状況が許せば実地で見学するのが理想的です。その時に説明を聞くだけでなく、「この作業の意味は何か」「どういう理由でこの手順なのか」を食い下がって聞き出すことです。これにはある種の押しの強さも大事です。

　そして聞けた話の記録をとっておくことです。自分なりのメモに残す。こうした機会はすべてが貴重な情報源。そのものズバリの回答が得られなくても、とにかく断片的な情報でも記録だけはとっておくと後々役に立つことがあるものです。

　避けたいのは、事業の開業や加工所の開設の経験をもたないコンサルタントなどの話を鵜呑みにして、頼りきってしまうことです。作業性のことや原材料の取り扱い方、加工機械の適切な選定など、農産加工では絶対に欠かせない要素です。これらが抜け落ちたままの事業計画・施設計画に従って事業を始めることになれば、取り返しのつかない苦労を後々まで背負い込むことにもなりかねません。

翌日の作業も並行してできるスペース

　また、小さな加工所の場合でも、大事にしたいのは「当日の加工と並行して翌日の作業準備を行なえるスペースがあること」です。作業が円滑に進んで早く終わりそうな日に、翌日の作業にまで踏み込んで、先取りして仕事を進めていくことができれば、結果的に同じ作業投入量でも、生産数量は増えるかもしれません。早く終わったから作業を終えて早く帰るのではなく、次の仕事の段取りに早くとりかかるということ。これは経営的にも助かります。農産加工所は毎日稼働してこそ、生産能力を最大限に引き出しうるものと考えています。

各種の資格をどう考えるか

農産加工を行なうにあたっては、食品衛生法上の許可業種の規定（都道府県の条例で許可制にしている業種もあります。表5―2、5―3）により、食品衛生責任者や食品衛生管理者を置くことになっています。食品衛生責任者とは、加工所の衛生をつかさどる役割の者で、各地の保健所が開く講習会を受講することで資格が得られます。加工する製品によって、これらの資格が必要になってきます。複数のメンバーで加工に取り組む時には全員で受講することをおすすめします。加工に取り組むメンバーが食品衛生について共通認識をもつことが大事だからです。

この他にも食品に関する資格では、栄養士、調理師、惣菜管理士、野菜ソムリエ、食品表示の資格などいろいろあります。これらの資格取得にはお金も時間もかかりますが、それぞれの資格は自らの加工の仕事の中で生かせる要素を含んでいます。資格取得の勉強は、食品についての体系的な知識をもつことができるチャンスと考えて、挑戦することをおすすめします。

自社製品をアピールして販路づくり
――チャンスを逃さず、積極果敢に

販売方法や売り方は、その加工品のつくり手がどういう売り方を志向するのかによって大きく変わります。たとえば、私がジュース加工で応援している生産者の場合、米麦や大豆、野菜などを幅広く生産する一方で、ニンジンのジュース・ジャム・ドレッシングといった加工品と、米穀・大豆を生かしたポン菓子、きな粉、米粉、小麦粉、そば粉などの加工品の販売が好調です。好調の理由は、「自信をもって商品説明をする」という対面販売での強さにあるようです。

また、当社で加工を手伝っている果樹生産者の場合は、モモの果汁・ピューレを、ちょっとおしゃれなカフェに持ち込んで、ドリンクメニューに通年で使ってもらうだけでなく、旬の時期にはこのカフェが実施する食事会を組んでもらい、青果のモモをテーマにした企画メニューを提案しています。自らもモモに関するワークショップを開くなど、飲食店と連携した販売で売上げを伸ばしているわけです。

この二人の農家の共通点は、自ら商品をアピールすることをいとわないこと、そして、濃厚な味わいをもつ自らのオリジナル製品を、比較的高い単価設定で売ることを心がけていることです。

いまどきは、農産加工品に限らず、

表５－２　食品衛生法の営業許可業種（34 業種）

調理業	飲食店営業（食堂、寿し屋、レストラン、仕出し、弁当屋、食事を提供する喫茶店、旅館、ラーメンなど） 喫茶店営業（コーヒー、ジュース等の飲物、かき氷、ソフトクリーム等を提供する喫茶店・ジュース等のコップ式自動販売機）
製造業	菓子製造業、あん類製造業、アイスクリーム類製造業、乳製品製造業、食肉製品製造業、魚肉ねり製品製造業、清涼飲料水製造業、乳酸菌飲料製造業、氷雪製造業、食用油脂製造業、マーガリン又はショートニング製造業、みそ製造業、しょう油製造業、ソース類製造業、酒類製造業、豆腐製造業、納豆製造業、めん類製造業、そうざい製造業、缶詰又は瓶詰食品製造業、加物製造業
処理業	乳処理業、特別牛乳搾取処理業、集乳業、食肉処理業、食品の冷凍又は冷蔵業、食品の放射線照射業
販売業	乳類販売業、食肉販売業、魚介類販売業、魚介類せり売営業、氷雪販売業

＊この表にあがっていない品目では許可が不要なケースもあります。たとえば、ジャム、ドレッシング、白もち、こんにゃく、漬物などがこれにあたります

＊ただし、自治体の条例で個別に許可が必要なケースがありますので、まずは最寄の保健所に相談しましょう

表５－３　農産加工所開設までに必要な書類と届け先

開業までの時間	営業許可に関する書類
１年～２年前 大体１年～３か月前まで 開業時～2か月前	「営業許可申請書」 （食品製造業・食品販売業・飲食業） →最寄りの保健所の食品衛生担当　窓口 （提出物の概要） ・営業許可申請書 ・営業設備の大要・配置図 ・水質検査証明書 （上水以外の水利用の場合） ・登記事項証明書（法人の場合） ・許可申請手数料 ・食品衛生責任者の資格を有するもの （栄養士、調理師、製菓衛生師など食品衛生責任者となる資格を有する者、もしくは保健所の食品衛生責任者の要請講習会を修了した者）

＊このほか、都市計画区域内で開設し10㎡を超える延床面積の施設の場合には、最寄りの都道府県の土木・都市整備部局に「建築確認申請」を提出する必要があります。また、下水道を利用する場合には、最寄りの市町村の下水道担当部署に「下水道法に基づく特定施設の届出」が必要になります。これらに関しては、必要に応じて、完成時に竣工検査を受けることになります

どの商品でも黙っていて自然に売上げが増えていくことはあまり期待できません。積極的にお客様に売っていく姿勢、販売機会を逃さない懸命さなど、日々の取り組みで成果は大きく変わってくるものです。

商談会、商業流通にのるには

六次産業化に関連した商談会などが各地で開かれており、実際に参加したなかで商談が成約できて売上げを大きく伸ばせるケースがあります。その一方、成果を得られなかったケースも数多くみられます。

いきなり商業流通にのせていく選択肢もあってよいと思いますが、商業流通にのせるには、価格や品質などで、食品製造を専門に行なうメーカー並みの販売先対応が必要になってきます。家族経営の場合、家族のなかの誰か一人だけで、こうした商業流通を相手にしていくのは、後々の難しさをもつことも予想しておく必要があると思います。

最近は、人口が多い市や町の、乗降客も多い主要駅や県庁所在地に立地する百貨店、あるいは拠点的なショッピングモールなどに、都道府県や商工会などが取りまとめた、地域特産品の常設ショップができています。こうした販売の現場を活用して、売れ行きだけでなく、取引の条件や価格面などを、実際の体験を通じて理解し、販路開拓について自ら判断していける力を養うことが必要です。

知り合いの農家の奥さんに、首都圏を中心とした百貨店の販売イベントに、毎月のように出店している人がいます。イベント販売になると、1週間くらい家を留守にすることも多いようですが、家族が後押ししてくれることで成り立っています。彼女の場合、笑顔が素晴らしく、販売の現場を常に自らの学びの場といった感じで、楽しんでいるようなところがあります。売上げの状況は上がったり下がったりでしょうけれど、出店することで、彼女の家の農園のネームバリューを全国的に高めていく貴重な場になっています。出店を繰り返すうちに徐々に取引先も増えてきたようで、今では出荷数量も増えているそうです。

おわりにひとこと――自分の加工技術を語り、加工の相談ができる仲間を

農産加工の仕事にかかわって17年目を迎えます。最初は本当に何も知らない、やったこともないところからのスタートでした。特産品開発の現場で地元の人に習いながら、同時に新たな切り口での加工品開発を提言して一緒に試作し、時には成功、時には課題を残しながら実践を繰り返してきました。こうしたなかで、少しずつ自分の中の加工に対する技術的空白を埋め、経験不足を補い、加工の知恵を蓄積してきました。この修行時代を通じて、貴重な農産加工の学びの場となったのが、農文協の主催する「読者のつどい・加工講座」です。講師であった小池芳子さん（(有)小池手造り農産加工所会長）の具体的かつ実践的な教えに触れてきたことで、毎年直面していた加工技術の課題をその場で解決できたり、自分の思い込みでつくったものが品評会で小池先生に厳しい評価を受けて頭を抱えたり、参加するたびに農産加工の奥深さを感じ取りました。そして、全国から集まる受講者の皆さんとの加工談義の楽しいこと。農産加工で全国に友達ができていくのも快いものです。この講座には15年以上参加していて、この数年は講座の一部を担当させていただき、農産加工について教えてもらう側から、受講する方に伝えていく側に役割が転換しました。

農産加工の仕事は、誰にでも始められます。そして設備投資の工夫の仕方や加工技術の習得が順調に進めば、大きくは儲けられなくても経営を続けることができ、地域の農業生産者とともに成長していけるものだと考えています。誰にでも始められる分、我流でチャレンジして苦労される方も多いので、かねてから、もっとわかりやすく技術的な部分を効率的に会得できる加工の副読本的なものが欲しいと思っていました。

この本では、実際に加工を始めた担い手の皆さんの例や、私がかかわる農産加工セミナーの講義の力点などを思い浮かべ、より実践的な内容を心がけました。安全な製品づくりに向けて、加工品の容器包

装と加工品の保存性を高めるポイントである水分活性（Aw）やpH、温度管理などをとりあげました。さらに目指したい製品品質について触れて、基礎的な加工に必要なポイントを重点的にまとめています。さらに加工所の作業の組み立てや経営を廻す上でも、重要となる一次加工の方法や、製品ごとの製法を素材・品目に応じてまとめました。

本書のあちこちにイラストを配していますが、これは福岡県の農産物直売所「筑前町ファーマーズマーケットみなみの里」副館長の福丸未央さんの手によるものです。本業の地域農産物の販売のかたわら、地域の農産加工セミナーを主宰し活躍されています。彼女が発行する「講座通信」は、すっきりとした整理力、加工手順を伝えるわかりやすい説明、スケッチなど素晴らしい内容でした。そこで多忙を承知でお願いし、イラストを寄せていただきました。

農産加工の仕事を目指す方が、本書を手にして、いろいろにチャレンジしてくれることを切に願います。そして、本書が、各地の農山村がその活力を高め、つなぎ引き継いでいく一助ともなれば幸いです。

2020年1月12日

尾崎正利

農文協の加工講座の案内

全国から農産加工を志す人びとが集まる「農文協 読者のつどい・加工講座」(略記：加工講座）は、毎秋、長野県栂池高原で開催している（雑誌『月刊　現代農業』に参加募集の案内が載る)。２泊３日のプログラムは、講演や実演の他に、参加者持参の加工品を試食しコメントを出し合う「品評会」がある。持参した参加者は「ダメ出し」の洗礼を受けながらも、しだいに経験者としてアドバイスできるほどに育っていく。「加工ねっと」はそんな参加者でつくる自主組織。研修会で交流と研鑽を深めている。

問合わせ先 :「農文協 読者のつどい・加工講座」事務局：
(一社）農山漁村文化協会
〒107-8668 東京都港区赤坂 7-6-1
TEL 03-3585-1140 FAX 03-3589-1387

■著者略歴■

尾崎 正利（おざき　まさとし）

1970年福岡市生まれ。「（有）職彩工房たくみ」代表取締役、食品加工コンサルタント。西南学院大学卒業後、都市計画コンサルタント事務所に勤務。（一社）農山漁村文化協会が主催する加工講座で、長野県飯田の小池手造り農産加工所の経営者小池芳子氏に出会い、農家を基点にする農産加工に目覚める。2003年に工房を設立して独立。九州を中心に西日本一円で活動するほか最近は東北地方・北海道まで、農産加工のコンサルタントとして講演、現地指導を手がけるかたわら、自らの工房でジュースの加工販売を行なっている。

だれでも起業できる　**農産加工実践ガイド**

2020年3月25日　第1刷発行
2021年4月15日　第2刷発行

著者　尾崎　正利

発行所　一般社団法人　農山漁村文化協会
〒107-8668　東京都港区赤坂7丁目6-1
電話　03(3585)1142(営業)　03(3585)1147(編集)
FAX　03(3585)3668　振替　00120-3-144478
URL　http://www.ruralnet.or.jp/

ISBN978-4-540-17120-8　DTP製作／㈱農文協プロダクション
〈検印廃止〉　印刷・製本／凸版印刷㈱